Gerhard Herz / Susanne Kaldschmidt / Lauri Salonen

Erfolgreiches Benchmarking

Lernen von den Besten

Die Internetadressen, die in diesem Buch angegeben sind, wurden vor Drucklegung geprüft (Stand: November 2007). Der Verlag übernimmt keine Gewähr für die Aktualität und den Inhalt dieser Adressen und solcher, die mit ihnen verlinkt sind.

Verlagsredaktion: Annette Preuß
Technische Umsetzung: Holger Stoldt, Düsseldorf
Umschlaggestaltung: Ellen Meister, Berlin
Titelfoto: © GK Hart / Vikki Hart / Getty Images

Informationen über Cornelsen Fachbücher und Zusatzangebote:
www.cornelsen-berufskompetenz.de

1. Auflage

© 2008 Cornelsen Verlag Scriptor GmbH & Co. KG, Berlin

Druck: Druckhaus Berlin-Mitte

ISBN 978-3-589-21916-2

 Inhalt gedruckt auf säurefreiem Papier
aus nachhaltiger Forstwirtschaft.

Inhalt

1 Benchmarking – die institutionalisierte Neugier

Sich öffnen für das Neue

1.1 Technik oder Haltung?

Benchmarking nur technisch betrachtet, ist ein Vergleichsverfahren, das sich auf Produkte, auf Prozesse, auf Methoden und ihren Vergleich mit den jeweils besten Leistungen bezieht. Unser Blickwinkel ist etwas umfassender:

> Wir verstehen Benchmarking als eine Haltung, die es erlaubt, mit Geschäftspartnern, Wettbewerbern und Kollegen in einen gezielten gegenseitig nützlichen Kommunikationsprozess zu treten.

Dabei gilt das Prinzip der Reziprozität, d.h., die beteiligten Partner lassen sich gegenseitig „in die Karten schauen". Ausgangspunkt ist in der Regel die gute fachliche Praxis, das erfolgreiche Beispiel oder herausragende Ergebnisse.

Das kurzfristige Ziel ist immer, die eigene Praxis bzw. die gegenseitige Praxis zu verbessern, das mittel- und langfristige Ziel ist es, Entwicklungs- und Lernprozesse in Gang zu setzen oder zu halten.
Deshalb richten wir unser Augenmerk vor allem auf ein Benchmarking, das das „daily business" durchzieht, das Lernprozesse in einer Organisation ermöglicht und diese fördert.

Selbstverständlich gibt es auch Formen des Benchmarkings, die einseitig, also weniger reziprok verlaufen, weil sie mit veröffentlichten Daten arbeiten.

Weil Benchmarking-Prozesse immer mit dem von anderen, also von Partnern und Wettbewerbern aufgebauten Know-how und dessen Ergebnissen zu tun haben, ist es angebracht, ganz bewusst und aktiv für Offenheit, Takt und ausreichende Kommunikation zu sorgen. Das fördert nicht nur den gegenseitigen Lernprozess, sondern hilft auch, juristische Auseinandersetzungen zu vermeiden (vgl. die sog. „Codes of Conduct" Kap. 2.5).

Grundsätzlich eignet sich jede betriebliche Situation für einen Benchmarking-Prozess: Verfahren, Prozesse, Veränderungssituationen, Technik und Finanzen oder die Unternehmenskultur können mit der eigenen Praxis oder mit der Praxis mehrerer Unternehmen verglichen werden.

1.2 Philosophie

Selbstverständlich ist Benchmarking zunächst ein Instrument, ein Management-Tool. Dieser Blickwinkel ist uns aber zu einseitig, weil die Wirkung eines Instruments immer von dem abhängt, der es anwendet, bzw. von dem Prozess, in den es eingebettet ist, sowie dem Umfeld, in dem es stattfindet.
Betrachtet man Benchmarking als eine Haltung, so steht das wirkliche Interesse an den Lösungen der anderen und an ihren Wegen dahin im Vordergrund. Das bloße Ausnutzen von Vorteilen und das Erringen von Know-how ist keine Garantie für Erfolg.
Die Orientierung am guten Beispiel anderer und ihr Vergleich mit den eigenen Verfahren und Leistungen kann zu einer Art Kooperation auf Distanz werden, die letztlich dem Kunden zugute kommt.
Es ist die klare Perspektive auf den Kunden hin und das konsequente Denken vom Kunden her, das im Benchmarking-Prozess vor instrumentenfixierten oder betriebsegoistischen Holzwegen schützt.

Benchmarking soll selbstverständlich auch die Leistung der Firma verbessern – wenn es aber nicht dem Kundennutzen dient, bleibt es Spielerei.

Betrachtet man Benchmarking aus der Perspektive der Mitarbeitenden, so muss man sich klar darüber sein, dass die erhöhte Transparenz, die durch Benchmarking entsteht, die Mitarbeitenden in eine Mitgestaltungsrolle bringt, und das muss im Betrieb gewollt sein.

Die Idee des Benchmarkings ist sehr alt; man kann sie bis auf die Weisheit des Konfuzius zurückführen, der bereits vor über zweitausend Jahren darauf hinwies, dass Wissen auf mehrere Arten erworben werden kann:

◆ durch Denken – das ist der nobelste Weg,
◆ durch Versuch und Irrtum – das ist der härteste Weg,
◆ durch Abschauen – das ist der leichteste Weg.

Eine Anwendung, die anderswo funktioniert, mit eigenen Augen gesehen und intelligent auf die eigene Situation angepasst ist, kann viel Zeit und Kosten sparen.

Reflektieren Sie Ihre Praxis

Wie viel Prozent Ihrer Entscheidungen treffen Sie
◆ aufgrund von Abschauen?
◆ aufgrund von Versuch und Irrtum?
◆ aufgrund von Denken?

Möchten Sie etwas daran ändern?

Halten Sie Ihr Ziel fest und setzen Sie sich ein Zeitlimit für die Verwirklichung.

Dieser Ansatz ist für alle Arten und Größen von Unternehmen brauchbar. Große Unternehmen haben gewöhnlich mehr Erfahrung im Benchmarking, aber es gibt zahlreiche

Möglichkeiten, Benchmarking in Klein- und Mittelbetrieben zu nutzen. Hier ist Benchmarking vor allem ein besonders geeignetes Instrument für gegenseitiges Lernen.

Der klassische Benchmarking-Ansatz geht davon aus, dass man andere Unternehmen besucht und von diesen während des Besuches lernt. Gute Vorbereitung verhindert dabei reinen „Geschäfts-Tourismus" ohne wirklichen Nutzen. Man lernt von anderen Unternehmen, indem man deren konkrete Praxis studiert.

Die Entwicklung des eigenen Unternehmens, der eigenen Abläufe oder der eigenen Produkte kann wesentlich schneller erfolgen, wenn man bereits erprobte Lösungen sieht.

Dies bedeutet nicht, Dinge einfach zu kopieren, sondern einen Messpunkt (dies ist die engere Bedeutung von Benchmark) zu bekommen, der hilft, die eigene Leistung und den eigenen Entwicklungsstand einzuordnen.

Sind die anderen besser als wir, ergibt sich also eine Lücke, die es zu schließen gilt. Was dabei „besser" heißt bzw. von welcher Ausgangslage, welchem Messpunkt man ausgeht, ist genau zu beschreiben.

Um die Vergleichbarkeit mit den gefundenen und gesetzten Benchmarks zu gewährleisten, müssen die Bedingungen, unter denen sie entstanden sind, bekannt sein.

Ein Benchmarking-Prozess, der von beauftragten Beratern durchgeführt wird, bringt andere Ergebnisse als ein Prozess, der ausschließlich von den eigenen Mitarbeitenden durchgeführt wird. Die Entscheidung „intern oder extern" hängt von den Zielen ab:

◆ Lege ich den Schwerpunkt auf die Vergleichbarkeit von Ergebnissen und Messpunkten, so kann ein beauftragtes Benchmarking angebracht sein.

◆ Ist der Lern- und Entwicklungsprozess für die eigene Firma ein wichtiges Ziel, sollte auf eine breite Mitwirkung der eigenen Mannschaft nicht verzichtet werden.

Auf den Punkt gebracht:

◆ Benchmarking ist eine Haltung

◆ Die angewendeten Techniken müssen mit den Grundsätzen dieser Haltung übereinstimmen

◆ Benchmarking eignet sich für jede Firmengröße

◆ Benchmarking beschleunigt die eigenen Lern- und Entwicklungsprozesse

◆ Benchmarking kann ein wichtiger Lernprozess für die ganze Firma werden

Benchmarking-Ansätze

- ◆ Beim Produkt-Benchmarking werden Produkte auf verschiedene Charakteristika hin miteinander verglichen. Ein bekanntes Beispiel: In der Automobil-Industrie tauschen Hersteller ihre Fahrzeuge, die dann bis ins letzte Detail auf Design, Verfahren bei der Herstellung von Einzelteilen, Materialien usw. untersucht werden.
- ◆ Beim Prozess-Benchmarking werden einzelne Prozesse mit ähnlichen Prozessen in anderen Organisationen verglichen. Das Prozess-Benchmarking beginnt mit der klaren Beschreibung und Messung des eigenen Prozesses. Daraus soll ein Verständnis der Problembereiche und ein Bewusstsein für Möglichkeiten für einen Vergleich entstehen. Ein Beispiel: Ein Krankenhaus wollte den Prozess der Patientenaufnahme verbessern. Bei der Prozessbeschreibung fiel auf, dass das Einchecken im Hotel vergleichbar ist, und man entwickelte ein Benchmarking-Projekt mit einem exzellenten Hotel.
- ◆ Eine weitere Kategorie des Benchmarkings ist das strategische Benchmarking. Hier ist es Ziel, die eigene Strategie oder die Voraussetzungen für die Entwicklung von Strategien zu verbessern.

Benchmarking kann intern oder extern erfolgen. Internes Benchmarking nutzt das eigene Potenzial, konsequent nach guten Praktiken zu suchen. Externes Benchmarking lenkt den Blick über den Tellerrand und sucht in einer von drei Richtungen nach „best practice" – also den besten Lösungen:

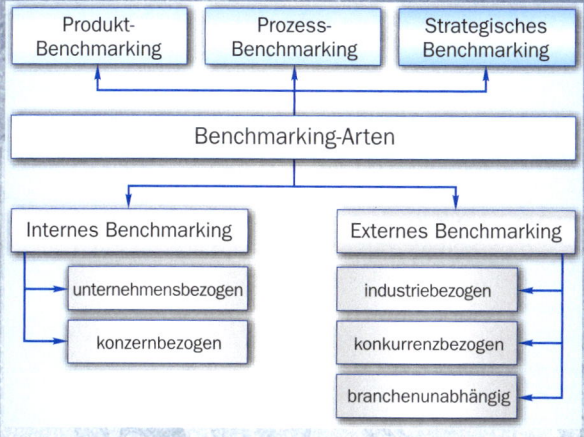

Benchmarking-Ansätze

Unterschieden werden die Arten:

◆ Im Rahmen eines industriebezogenen Benchmarkings wird angestrebt, innerhalb der eigenen Industrie Vergleichspartner zu lokalisieren oder Branchentrends zu untersuchen. Oft schließen sich mehrere Unternehmen in einem Benchmarking-Projekt zusammen.

◆ Die Grenze zu konkurrenzbezogenem Benchmarking ist hier fließend. In dieser Benchmarking-Art geht es um den Vergleich mit direkten Wettbewerbern. Auch hier kann es zu Kooperationen unter konkurrierenden Unternehmen kommen, wenn sich die Benchmarking-Objekte nicht gegeneinander richten.

◆ Beim branchenunabhängigen Benchmarking wird der Horizont noch weiter gesehen. Dadurch, dass mit ganz anderen Branchen verglichen wird, entstehen, wie in dem Krankenhaus-Hotel-Vergleich, die größten Innovationschancen.

2 Welche „benchs" werden „gemarkt"?

Vergleichen, was Wert schafft

2.1 Daten und Messwerte: Entwicklung der richtigen Maße und Gewichte

Welche „Marks" setze ich an welchen Werkbänken? Üblicherweise wird Benchmarking als Mittel betrachtet, um eine Organisation zu den bestmöglichen Leistungen in einem bestimmten Arbeits- oder Leistungsspektrum zu führen.
Sicher ist die Rolle des Besten erstrebenswert. Das ist aber als solches noch kein wirtschaftliches Ziel und es ist für viele Firmen gar nicht erreichbar.

Dennoch ist der Vergleich nützlich, denn es geht auch um die realistische Einschätzung der eigenen Stellung im Markt oder der Qualität der eigenen Prozesse in einem bestimmten Bereich der Leistungserstellung.

> Benchmarking ist ein Verfahren, Markierungen festzusetzen und auf ihrer Grundlage Vergleiche anzustellen.

Das betrifft zunächst den eigenen Bereich, den man gewissermaßen gezählt, gemessen und gewogen haben muss, um zu wissen, wo man steht.
Erst von da aus ist es möglich, aus den Markierungen anderer, mit denen man sich vergleichen möchte, zu lernen.

Auch für Firmen, die den „Best-Status" nicht erreichen oder nicht erreichen wollen, ist es interessant, zu wissen, was grundsätzlich erreichbar ist.
Was dann tatsächlich erreicht werden soll, ist ja eine Frage der Strategie und nicht des Mittels, das strategische Ziel zu erreichen (zu Strategie vgl. Winter 2007).

Aus unserer Sicht soll dabei das Messen, Wiegen und Zählen nicht eng und nur auf zeitlich und räumlich erfassbare Größen beschränkt werden, denn dann würden Faktoren wie Mitarbeitermotivation, Betriebsklima oder Firmenimage außen vor bleiben.
Damit wird das Vergleichen nicht einfacher, denn je weniger direkt die nötigen Daten erhoben werden müssen, desto aufwendiger ist das in der Regel.

Damit kann man schon so etwas wie eine Prioritäten-, besser noch Komplexitätsliste von Zugänglichkeiten erstellen, die auch eine Entscheidungshilfe für den Bereich sein kann, den man mithilfe von Benchmarking verbessern will.

Der Wertschöpfungsprozess als strategische Orientierung

Jedes Benchmarkingvorhaben braucht einen Bezugsrahmen. Weil das generelle Ziel des Wirtschaftsprozesses die Wertschöpfung ist, liegt es nahe, den betrieblichen Wertschöpfungsprozess als Orientierung zu nutzen, und zwar in doppelter Weise:

◆ Die betriebliche Strategie ist in der Regel darauf gerichtet, den Wertschöpfungsprozess zu optimieren. Daraus lassen sich Ziele für das Benchmarking ableiten.
◆ Weil sich der Wertschöpfungsprozess in identifizierbaren Stufen vollzieht und die Stufen, beispielsweise Planung und Montage, durch unterschiedliche Aktivitäten gekennzeichnet sind, können von diesem Ausgangspunkt her auch die jeweils adäquaten Methoden, Indikatoren und Kennziffern entwickelt werden.

Reflektieren Sie Ihre Praxis

Welche Stufen hat Ihr Wertschöpfungsprozess?
◆
◆

Prozesse als Orientierung

Eng mit der Wertschöpfungsfrage verbunden sind die wertschöpfenden Prozesse. Sie geben eine klare Orientierung für Inhalt und Richtung eines Benchmarking-Prozesses.

Wir untergliedern dabei in zwölf unterschiedliche Prozesse. Sie entsprechen dem später in Kap 4.1 verwendeten „Kompass" der Werkstatt für Unternehmensentwicklung, in dem zwölf Gestaltungsfelder von Organisationen beschrieben werden:

1. Grundlagenprozesse: Leitbild, QM, Werkstatt für Unternehmensentwicklung, 12 Felder, Prozessstufen
2. Formprozesse: Architektur des Einführungsprozesses
3. Lernprozesse: Aus- und Weiterbildung, Personalentwicklung
4. Anwendungsprozesse: dynamische Delegation, Zielvereinbarung, MBO, Konfliktmanagement
5. Akzeptanzprozesse: Nutzen, Würdigung des Erreichten, Gemeinschaftlichkeit, Marketing
6. Beurteilungsprozesse: Wann? Wie? Wer?
7. Bereitstellungsprozesse: Zeitrahmen, Ressourcen finanziell/materiell
8. Grundlagenprozesse: Forschung und Entwicklung
9. Individuelle Entwicklungsprozesse: Persönliche Karrierepläne
10. Orientierungsprozesse: Standortbestimmung, Entwicklungsplan, Prioritätensetzung, Zielbildung, Restrukturierung
11. Gewinn- und Verlustprozesse: Gewinnverwendung, Risikomanagement
12. Grenzbildende Prozesse: Einstieg, Entlassung

Als zusätzliche Differenzierung kann jeder dieser Prozesse nach drei Kernprozessen untergliedert werden:
◆ Wertschöpfender Prozess
◆ Unterstützender Prozess
◆ Steuernder Prozess

Selbstverständlich würde es eine völlig Überforderung darstellen, alle zwölf Prozessarten und ihre drei Differenzierungen in einem Benchmarking-Prozess unterbringen zu wollen. Es ist auch nicht notwendig, alle systematisch einem Benchmarking-Prozess zu unterziehen.

Diese Übersicht dient vor allem der Systematisierung und Ordnung des komplexen Unternehmensgeschehens. Sie bildet die vorhandenen Bereiche ab, schafft Überblick und kann zusätzlich, wie sich in der kreisförmigen Anordnung in Kap. 4.1 zeigen lässt, Querbezüge herstellen, die zeigen, dass und wie die Prozesse zusammenhängen.

Im fünften Kapitel werden wir auf der Werkzeug- und Wirkungsebene auf den Wertschöpfungsprozess zurückkommen.

Strukturierung des Benchmarkings

Eine Strukturierung des Arbeitsfeldes kann folgendermaßen aussehen (vgl. auch Antje Geier: Wissenswert Benchmark-Modell – Kurzfassung in: www.wissenswert.org/publish):

◆ Das Vergleichsfeld: Für jeden Benchmarking-Prozess ist selbstverständlich ein Bereich festzulegen, der verglichen werden soll. Dieser kann sehr schmal sein, wenn es z.B. darum geht, das Mahnverfahren eines Betriebes zu vergleichen, und er kann sehr umfassend sein, wenn das Finanzwesen oder das Marketing als Ganzes verglichen werden soll.

◆ Die Benchmarks: Für den Vergleichsbereich wird ein Maß, eine Messlatte festgelegt, unter der der Vergleich stattfinden soll. Das kann etwa im Marketing die Website, die Printmaterialien o.Ä. sein. Jede Benchmark, d.h. jedes Maß, geht zurück auf einen ausgesprochenen oder unausgesprochenen Leitsatz oder eine dahinterstehende Hypothese, die durch den Benchmarking-Prozess überprüft werden soll.

Vergleichsfeld

Benchmark

Marketingkonzept Firma X

Faktor
Qualifikation
der Marketingabteilung

Faktor
Attraktivität
des Produkts

Index
Anzahl der
Kunden, die den
Preis reklamieren

Index
Nachfrage nach
dem Produkt

Index
Qualität des CI

Indikator

Indikator
Kontaktfähigkeit des Verkaufspersonals

Indikator
Verpackungsformen

Indikator

Indikator
Verkäufe des Konkurrenzprodukts

Indikator
Rückgabe des Produkts

Indikator

Indikator
Form der Präsentation

Struktur des Benchmarkings

Welche „benchs" werden „gemarkt"?

◆ Die Faktoren: In der Regel setzt sich die Benchmark aus verschiedenen Faktoren zusammen. In jedem Benchmarking-Prozess sind zunächst die die Benchmark kennzeichnenden Faktoren festzulegen. Sie können dabei aus dem Handlungsfeld selbst oder aus anderen Bereichen stammen.

Stellt sich z.B. die Qualifikation als Faktor für das Handlungsfeld Marketing heraus, so greift das in den Bereich des Personalmanagements über und kann hier bearbeitet werden.

◆ Die Indikatoren: Weil die Faktoren – im Marketing beispielsweise die Kundenkommunikation oder Preisattraktivität – nicht direkt mess- oder beobachtbar sind, werden Messgrößen ermittelt, die einen anerkannten Zusammenhang mit dem zu bewertenden Faktor und dem Vergleichsfeld haben. Bei einer großen Anzahl von Indikatoren können diese zu einem sinnvollen Index zusammengefasst werden.

Zahlen und Daten

In der betrieblichen Leistungsbetrachtung und -bewertung spielen Kennzahlen eine wichtige Rolle. Dieselbe Rolle können auch die Ergebnisse von Benchmarking-Prozessen spielen.
Wären allerdings Kennzahlen die eigentliche Substanz eines solchen Prozesses, stünde Benchmarking in der Gefahr, eine Zahlensammlung zu werden. Hier sollen Kennzahlen als das Fundament für den Benchmarking-Prozess verstanden werden, aus dem heraus sich erst weitergehende Erkenntnisse ergeben.

Dennoch soll kurz auf Zahlentypen verwiesen werden, die für Benchmarking-Prozesse genutzt werden. Ihre unterschiedlichen Qualitäten sind für die Suche nach den benötigten Zahlen ebenso wichtig wie für den nach der Erhebung erfolgenden Vergleich und die Interpretation:

◆ Absolute Zahlen: z.B. Mitarbeiter-Anzahl, Mitarbeiter-Einkommen, Kosten, Umsatz, Erlöse, Prozesszeiten etc.
◆ Verhältniszahlen: z.B. Umsatz pro qm Verkaufsfläche, Fehlerquote, Erledigungsquote etc.
◆ Skalenwerte: z.B. Betriebsklima, Motivation etc.

Reflektieren Sie Ihre Praxis

◆ Welche benchmarkingfähigen Zahlen stehen Ihnen direkt zur Verfügung?
◆ Welche brauchen Sie?
◆ Wie und wann werden Sie diese erheben?

Bei den Daten, die im Rahmen von Benchmarking erhoben werden, unterscheidet man zwischen:

◆ Primärdaten, die direkt zugänglich sind, und weitere aus diesen erschließbare Daten,
◆ Sekundärdaten, die indirekt erhoben werden können, d.h. durch schon vorhandene Unterlagen,
◆ und der Kombination aus beiden.

Fehlerquellen bei allen Arten von Daten

Die Aussagekraft von Daten, vor allem von Kennzahlen, hängt von deren Qualität ab. Deshalb ist es wichtig, sich möglicher Fehlerquellen bewusst zu sein.

Fehler können beispielsweise hierin begründet sein:

◆ unterschiedliche Quellen, aus denen die Daten stammen
◆ unterschiedliche Begriffsverwendung

Beispielsweise werden Kostenunterschiede ausgemacht, die aber durch unterschiedliche Begriffsdefinitionen und nicht durch tatsächliche Leistungsunterschiede entstehen, z.B. kalkulatorische Zinsen, AfA etc.

◆ unterschiedliche zeitliche Bezüge bzw. Zeitperioden
◆ unterschiedliche Aggregationsstufen der Daten

Ein Beispiel ist der Vergleich der Anzahl vorhandener Einzelprodukte mit der Anzahl von Sets, die mehrere einzelne Produkte enthalten.

Datenquellen

Jedem Betrieb stehen zahlreiche Datenquellen zur Verfügung, die sich für ein Benchmarking-Vorhaben „anzapfen" lassen (vgl. Heinisch 1999, S. 11):
◆ Intern zugängliche Daten:
 – Bilanzdaten, Daten aus internen Statistiken, Buchhaltung, Kostenrechnung etc.
 – FuE-Berichte, FuE-Projekte
 – Marktstudien, Messe- und Tagungsberichte
 – Service-Informationen, Vergleiche mit Wettbewerbsprodukten
 – Qualitätsanalysen, Prüfberichte
 – Daten aus dem Vorschlagswesen
 – Außendienstreports

◆ Öffentlich zugängliche Daten:
 – amtliche Statistiken und Veröffentlichungen
 – Informationen aus Industrieverbänden, IHKs etc.
 – Fachzeitschriften, Fachbücher, Dissertationen, Diplomarbeiten
 – Firmenschriften, Werbematerialien, Produktinformationen
 – Unterlagen von Messen und Konferenzen
 – Normen (DIN-Normen, ISO-Normen etc.)
 – Patente (nationale und internationale Patente)

- Wettbewerbsauszeichnungen von Unternehmen und Produkten (z.B. Marketing-Preise, Qualitätspreise)
- Produktdokumentationen
- Internetdatenbankabfragen

◆ Weitere Datenquellen:
  - Informationen aus persönlichen Kontakten auf allen Betriebsebenen
  - Kundeninformationen
  - Informationen von Zulieferern bzw. Kooperationspartnern
  - Interne Informationen aus anderen Unternehmen (insbesondere bei branchenübergreifenden Benchmarking-Studien)
  - Informationen aus gemeinsamen Benchmarking-Projekten
  - Informationen von Beratungsunternehmen und Fachexperten
  - Studien und Berichte von Forschungsinstituten, Universitäten

2.2 Was ist vergleichbar? Prozess, Projekt, Produkt, Management, Führung, Kultur, Standards

Möglicherweise gibt es Änderungsbedarf im Unternehmen, vielleicht sollen Prozesse besser gestaltet oder Ihr Betrieb mit anderen Firmen verglichen werden oder eine Frage geklärt werden, die das ganze Unternehmen beschäftigt. Wie auch immer: Formulieren Sie Ihre Fragen klar.
Danach prüfen Sie selbst, ob diese Fragen möglicherweise von anderen Unternehmen bereits beantwortet wurden. Trifft das zu, ist das Thema für ein Benchmarking gut geeignet.

Man kann sich weiter fragen, ob das Thema ein „Schlüsselthema" ist. Was ist der erwartete Effekt für das Unternehmen, wenn das Problem gelöst ist? Was passiert, wenn nichts getan wird?

Jeder Umfang einer Fragestellung kann für Benchmarking gut sein. Das kann eine praktische Detailfrage sein genauso wie eine strategische Frage, die die ganze Firma betrifft (vgl. Kap. 2.10).

Welche Frage man auch angeht, es lohnt sich zu bedenken, dass man Äpfel nicht mit Birnen vergleichen kann, auch wenn das ein Gemeinplatz ist.

Beim Benchmarking zwischen Unternehmen wird das aber – genau genommen – versucht, weil man kaum zwei Firmen findet, deren Grundlagen und Strukturen gleich sind.

Behält man methodisch im Auge, worin die Unterschiede liegen oder was man wirklich vergleichen will, kann man gerade aus den Unterschiedlichkeiten wichtige Anregungen erhalten:

◆ Man muss nicht Automobile produzieren, um im Marketing eines Herstellers die Zuspitzung auf ein bestimmtes Merkmal, z.B. die (innovative) Technik als Benchmark, nutzen zu können.

◆ Man muss nicht die Exklusivstellung in seiner Branche haben, um nicht z.B. von dem besonders ausgeprägten und erfolgreich angewendeten Lean-Management, d.h. also der Schlankheitsphilosophie eines Automobilherstellers, und der konsequenten Umsetzung lernen zu können.

◆ Man muss nicht die Größe einer speziellen Drogeriemarktkette haben, um von deren Mitarbeiter- und Kundenorientierung und deren Preistransparenzpraxis lernen zu können.

Die angeführten Beispiele zeigen, dass das Anlegen von Standards, die bei allen Messungen zwangsläufig eine Rolle spielen, bei der Frage des Benchmarkings durchaus differenziert betrachtet werden sollte: Wenn nicht genau die gleiche

Ausgangslage bzw. eine identische Datenbasis vorliegt, lässt sich an Standards auch nicht das ablesen, was man eigentlich erfahren möchte, nämlich den charakteristischen Unterschied zwischen meinem Unternehmen und den Vergleichsorganisationen.

Reflektieren Sie Ihre Praxis

◆ Welches sind die Stärken Ihrer Firma, die für andere einen Vergleich lohnen könnten?
◆ Für welche Bereiche suchen Sie gute Lösungen?

Gut vergleichbar und möglicherweise standardisierbar sind Daten, die sich auf räumlich und zeitlich erfassbare Vorgänge beziehen, wie z.B.:
◆ Produktionszeiten
◆ Pünktlichkeit
◆ Reparaturkosten in % zum Umsatz
◆ Garantiekosten in % zum Umsatz
◆ Kundenauslieferungszeit in Tagen
◆ Rohmaterialumsatzrate pro Jahr
◆ Lagerumschlag pro Jahr
◆ Fertigteillager-Umschlagsrate pro Jahr
◆ Energieeinsatz
◆ Entsorgungsmengen und -kosten

Meist nicht direkt vergleichbar, aber je nach Ähnlichkeit oder Unterschiedlichkeit interessant sind Faktoren wie:
◆ Führung
◆ Teamfähigkeit
◆ Bilanzdaten
◆ Markt
◆ Managementqualität
◆ Forschung und Entwicklung
◆ Prozessqualität
◆ Kundenzufriedenheit
◆ Innovationsfähigkeit

Vergleich der Kennzahlen

Benchmarking-Bereich

Kennzahl/ Vergleichs- größe	Eigener Ist-Wert	Bench- marking Ist-Wert	Eigener Sollwert	Kommen- tare

Tabellarischer Kennzahlenvergleich

Die gesammelten Daten müssen analysiert und die Leistungsunterschiede herausgearbeitet werden.
Wenn eine Vergleichbarkeit der Daten sichergestellt ist, werden die quantitativen Daten in eine Bewertungsmatrix eingetragen.

Bewertungs- kriterien	Eigenes Krankenhaus	Krankenhaus A	Krankenhaus B
Erste Kontaktaufnahme mit dem Patienten nach Ankunft in der Unfall- aufnahme	4,5 min	8,5 min	0,5 min
Patient gelangt in den Behandlungsraum	28 min	17 min	15,5 min
Beginn der Behandlung durch den Arzt	41 min	84 min	29 min
Anzahl der jährlichen Unfallaufnahmen	44.000	52.500	36.000
Patientenzahl pro Tag und Arzt	60	72	67

Bewertungsmatrix zur Behandlungsdauer in einer Unfallaufnahme
(nach Macdonald/Tanner 1998)

Bewertungskriterien (vgl. Macdonald/Tanner 1998):

◆ Prozess, der einem Benchmarking unterzogen wurde.

◆ Die Schlüsselfaktoren des Prozesses, die untersucht worden sind. Ist der Detaillierungsgrad zu hoch, wird die Analyse unnötig erschwert, ist der Detaillierungsgrad zu niedrig, gehen unter Umständen wichtige Informationen verloren.

◆ Die Bewertung der qualitativen Daten ist nicht so einfach, wie es bei den quantitativen der Fall ist. Hier muss überlegt werden, ob es vielleicht quantitative Daten gibt, die die qualitativen beschreiben und so eine Bewertung erleichtern.

> Zur Bewertung der Mitarbeitermotivation können z.B. quantitative Daten wie Fehlzeiten, Krankheitstage oder Ähnliches herangezogen werden (vgl. Codling 1992).
> Die Kundenzufriedenheit kann beispielsweise ermittelt werden durch quantitative Daten wie Anzahl der Reklamationen oder Anzahl der Stammkunden.

◆ Gesamtergebnis, z.B. Umsatz der untersuchten Organisation.

In obiger Bewertungsmatrix wurde untersucht, wie lange es dauert, bis ein Patient in der Unfallaufnahme eines Krankenhauses behandelt wird. Die Schlüsselfaktoren sind in den ersten drei Zeilen der ersten Spalte der Matrix zu sehen. Diese Matrix identifiziert nicht automatisch „Best Practice" (also die Erfolgsmethode), die jetzt nur noch in der eigenen Organisation implementiert werden muss, aber sie liefert Hinweise, wo Teile von Best Practice zu finden sind.

Nun muss der gegenwärtige Stand der Leistungsunterschiede herausgearbeitet werden. Hier gibt es verschiedene Möglichkeiten, den Leistungsunterschied zu messen.
Man kann die eigene Leistung am Gesamtbesten der Benchmarking-Untersuchung messen – dies wäre in dem obigen

Beispiel das eigene Krankenhaus im Vergleich mit dem Krankenhaus B.

Eine andere Möglichkeit, die Leistungslücke zu Best Practice zu ermitteln, ist es, die besten Schlüsselfaktoren, die bei der Untersuchung gefunden worden sind, zu einer Best Practice zusammenzufügen. Im obigen Beispiel würde sich Best Practice dann aus folgenden Bestandteilen zusammensetzen:

Beste Schlüsselfaktoren	Zeiten
Erste Kontaktaufnahme mit dem Patienten nach Ankunft in der Unfallaufnahme (Krankenhaus B)	0,5 min.
Patient gelangt in den Behandlungsraum (Krankenhaus A)	8,5 min.
Arzt beginnt mit der Behandlung (eigenes Krankenhaus)	13 min.
Best Practice	**22 min.**

Ermittlung von Best Practice

Jetzt kann also der Leistungsunterschied sowohl gegen die tatsächlich praktizierte Bestleistung als auch gegen die ermittelte Best Practice dargestellt werden. Dies kann zum Beispiel in einem Koordinatensystem geschehen, in das die eigene Leistung sowie die gefundenen Leistungen eingetragen werden.

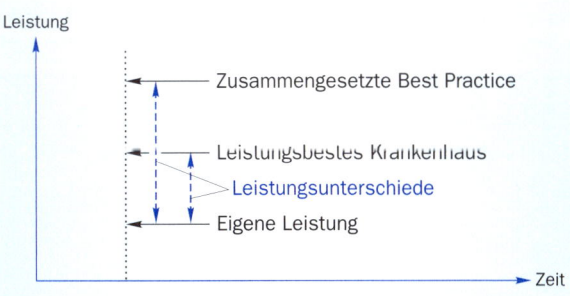

Leistungsunterschiede quantifizieren (nach Macdonald/Tanner 1998)

Hier ist eine negative Leistungslücke identifiziert worden, d.h., die Leistungsfähigkeit des Benchmarking-Partners ist größer als die eigene.

Im Gegensatz dazu könnte auch eine positive Leistungslücke vorhanden sein. Hier wäre die eigene Leistungsfähigkeit größer als die des Benchmarking-Partners.

Stellt man fest, dass man selbst die Marktführerposition in dem untersuchten Bereich innehat, ist die Untersuchung „gescheitert", weil man mit einer identifizierten positiven Leistungslücke die Leistung der eigenen Organisation nicht verbessern kann.

Für die Untersuchung einer negativen Leistungslücke bieten sich zwei Methoden an:
◆ die Analyse durch das Ishikawa-Diagramm
◆ und die Forcefield-Analyse (Kraftfeld-Analyse).

Bei der Analyse mittels des Ishikawa-Diagramms muss man unterscheiden zwischen den Aktivitäten, die die bessere Leistung erbringen, und den Rahmenbedingungen (Enablers), die die bessere Leistung ermöglichen. Der Schlüsselprozess ist das Ergebnis und die Enablers sind die Gründe.

Für den Schlüsselprozess aus dem obigen Beispiel könnte das so aussehen:

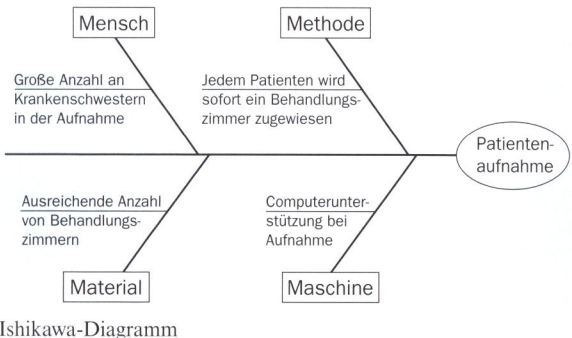

Ishikawa-Diagramm

Die identifizierten Enablers werden in vier Kategorien – Mensch, Methode, Material und Maschine – gesucht. Zur Ermittlung der Enablers kann ein Brainstorming der Teammitglieder eingesetzt werden. Mit dieser Analyse werden die Enablers ermittelt, die für die Implementierung von Verbesserungen notwendig sind.

Die andere Möglichkeit ist die Kraftfeld-Analyse. Hier werden ebenfalls die Rahmenbedingungen ermittelt. Zusätzlich werden mithilfe dieser Methode auch die hemmenden Kräfte sichtbar, die einer besseren Leistung entgegenstehen. Diese Informationen ermöglichen es, die gefundene Best Practice weiter zu verbessern.

Treibende Kräfte für einen effizienten Prozess		Hemmende Kräfte, die einem effizienten Prozess entgegenstehen
Sehr gut aus- und weitergebildetes Personal		50 % des Werkes sind älter als drei Jahre
Just-in-time-Prinzipien sind umgesetzt worden		Einige Manager sind nicht bereit, Änderungen zu akzeptieren
Offenes Management		Lagerbestand sehr hoch
ISO 9000		

Forcefield-Analyse (nach Cook 1995)

Als Goldene Regel für die Erhebung gilt:

Keine Zahlen produzieren, die nicht ohnehin erhoben werden.

◆ Im Vertrieb sind das z.B.: Aufträge und Stückzahlen pro Manntag; die Ärgerquote, die angibt, wie oft das Telefon bei Kundenanrufen klingelt, bevor das Telefon abgehoben wird.
◆ Im Innendienst sind das z.B.: Marketing-, Logistik- und Verwaltungskosten pro Auftrag; Auftrags-, Reklamations- und Gutschriftendurchlaufzeiten.
◆ In der Finanzabteilung sind das z.B.: Debitorentage; Rückstandwert pro Disponent; Anzahl der Rechnungen pro Mitarbeiter.

Grundsätzlich gibt es wohl keinen Bereich, der von einem Benchmarking-Prozess ausgenommen werden müsste.

Bereich	Vorhandene Daten	Gesuchte Daten
Produkt		
Marken		
Werbung		
Service		
Logistik		
Personalentwicklung		
IT		
Fakturierung		
Interne und externe Weiterbildung		
Erreichbarkeit		
Lagerumschlag		
Innovation		
...		

Beispielhafte Benchmarking-Bereiche

Ob ein Benchmarking für einen bestimmten Bereich geeignet ist, ist eine Frage der angemessenen Technik bzw. der Zugänglichkeit von Daten. Deshalb ist es für die Servicequalität oder die Fakturierung einfacher, Vergleichsmarken zu definieren, als etwa für den Bereich der Innovation.

Die Benchmarks beschreiben die Leistungsfähigkeit des Benchmarking-Objekts und geben Antworten auf die Fragen:

◆ Wie schnell?
◆ Wie gut?
◆ Wie viele?
◆ Wo?
◆ Wann?
◆ Wie lange?
◆ Wie groß?
◆ Welche Form?
◆ Welche Gestalt?
◆ etc.

2.3 Lernpyramide als Zielorientierung

Benchmarking-Prozesse zielen auf Vergleiche und diese können auf verschiedenen Ebenen stattfinden. Wichtig für die benchmarkende Gruppe ist es, zu wissen, auf welcher Ebene die eigene Tätigkeit ansetzt, und zwar unabhängig vom Inhalt des Produkts oder des Prozesses, auf den sich der Benchmarking-Prozess bezieht.

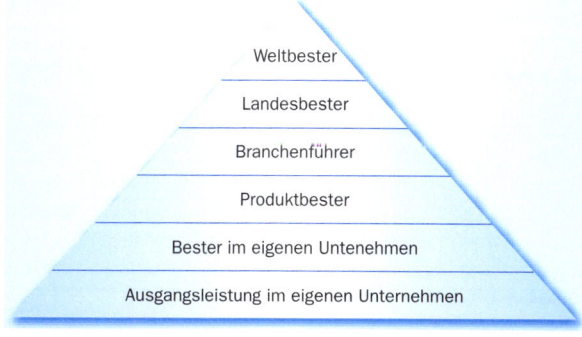

Der Weg zum Weltbesten

Anhand einer solchen Pyramide lässt sich die Ebene bestimmen, auf der man gerade arbeitet.

Die Kategorien auf den einzelnen Stufen der Pyramide können unterschiedlich gewählt und benannt sein. Wichtig ist es, die Ebene zu kennen, auf der man sich bewegt, und sich genaue Daten über den interessierenden Vergleichspunkt zu beschaffen.

2.4   Mittelmaß oder Individualisierung?

Auch wenn es für eine Firma überhaupt nicht ehrenrührig ist, im Branchenvergleich das Mittelmaß zu repräsentieren, bewahrt das Streben nach oben vor bloßer Routine.

Einen Benchmarking-Prozess zu starten, ist bereits der Beginn der Abwendung vom Mittelmaß und selbst dann, wenn er nicht an die Branchenspitze führt, bewirkt er eine stärkere Profilierung und Individualisierung.

Damit ist die Erkennbarkeit für den Kunden und die Identifikationsmöglichkeit für die Mitarbeitenden intensiviert.

2.5   „Code of Conduct": Kann man Wettbewerber benchmarken?

So wie es im zwischenmenschlichen Umgang Anforderungen an Takt und das Einhalten körperlicher und seelischer Grenzen gibt, müssen auch beim Benchmarking Grundregeln des Umgangs miteinander, also ethische Standards, aufgestellt und eingehalten werden.

Benchmarking im besten Sinne ist ein partnerschaftliches Vergleichsverfahren, das gegenseitige Achtung voraussetzt. Das sollte man eigentlich als Selbstverständlichkeit betrachten. Weil dies aber nicht immer der Fall ist und war, ist u.a. der Benchmarking-Verhaltenskodex entstanden.

Dieser wurde vom International Benchmarking Clearinghouse (IBC) des American Productivity & Quality Center

(APQC) entwickelt und umfasst folgende Prinzipien (vgl. Heinisch 1999, S. 12):

1. Prinzip der Rechtmäßigkeit
2. Austauschprinzip
3. Vertrauensprinzip
4. Nutzungsprinzip
5. Prinzip des unmittelbaren Kontakts
6. Prinzip des Kontakts zu Dritten
7. Vorbereitungsprinzip
8. Vollständigkeitsprinzip
9. Handlungs- und Verständnisprinzip

> Zusammengefasst geht es um das gegenseitige Vertrauen, um Offenheit und Transparenz, vor allem aber um den Wunsch, gegenseitig voneinander zu lernen.

Diese Prinzipien sind zwar beschrieben, aber Firmen, die Benchmarking als Haltung leben, werden sich nicht auf deren formale Einhaltung beschränken. Auch hier geht es darum, das Prinzip des Benchmarkings anzuwenden: genau zu erforschen, was es an guter Praxis gibt, aber nicht, um diese zu kopieren, sondern um daraus eigenständige Formen für die eigene Firma zu entwickeln.

Reflektieren Sie Ihre Praxis

Welche Bereiche sind in Ihrem Unternehmen besonders schützenswert bzw. vertrauenssensibel?
◆ Produktebene: _____
◆ Prozessebene: _____

2.6 Benchmarking und Networking: Wettbewerb oder Kooperation?

Benchmarking ist einerseits ein Instrument, das durch gezielten Vergleich die eigene Wettbewerbssituation verbessert, indem man aus erfolgreichen Wettbewerbsstrategien lernt.

Ganz scharf betrachtet ist die Nutzung der Daten und der Erfahrungen anderer Organisationen aber andererseits auch schon ein Weg zur Kooperation.

Ein Benchmarking basiert auf Kooperation und kann je nach Produkten, Branche und regionaler oder überregionaler Kundensituation eine erfolgreiche Alternative zum Wettbewerb sein.

> Handwerker oder Dienstleister beispielsweise, die sich auf ein gemeinsames Gütesiegel verständigen, nutzen die Kooperation bezüglich gemeinsamer Qualitätsstandards als Mittel der Profilierung im Markt.

Die Idee, durch offengelegtes und geteiltes Wissen wirtschaftlich erfolgreich zu sein, und die Motivation, den Wettbewerb zur Entwicklung von Ideen und zur Erhöhung der Kundenzufriedenheit zu führen, und nicht, um Erträge zu maximieren, wird von dem kanadischen Management-Professor Don Tapscott unter dem Begriff Wikinomics als eine erfolgreiche und zukunftsorientierte Strategie beschrieben, die mit der Weiterentwicklung des Internets immer weitere Verbreitung erfahren wird.

Die für Wikinomics charakteristischen vier Prinzipien lauten nach Tapscott:

- ◆ freiwillige Zusammenarbeit,
- ◆ Offenheit,
- ◆ Kultur des Teilens und
- ◆ globales Handeln.

Damit wird eine Art weit gefasstes Benchmarking zum Prinzip eines neuen Wirtschaftens erhoben (vgl. „Nackt und fit" – Interview in: brand eins 2/2007, S. 70–75 und Tapscott/Williams 2006).

Tapscott zeigt in seinem Buch den Nutzen dieses Denkansatzes, der für viele Ohren wie Illusion klingen mag, sich in den folgenden Beispielen aber als durchaus praktikabel erweist.

◆ IBM machte sich das offene Betriebssystem Linux zu eigen und steckt 100 Millionen Dollar jährlich in Software, die niemandem gehört. Auf diese Weise spart das Unternehmen jährlich rund 900 Millionen Dollar Entwicklungskosten.

◆ Die kanadische Goldminen-Firma Goldcorp Inc. stellt alle ihre geologischen Daten, das Tafelsilber der Firma, ins Netz und schreibt einen Wettbewerb aus. Mehr als 1.000 Geologen und Hobbyforscher brachten Vorschläge ein, die zu neuen Funden im Wert von drei Milliarden Dollar führten.

◆ Procter & Gamble generiert 40% seiner Innovationen aus externen Quellen, z.B. einem Online-Marktplatz für Unternehmen und selbstständige Forscher.

◆ Boeing teilt bei der Konstruktion des 787-Dreamliners seine Informationen mit den besten Partnern und Zulieferern und wird am Endprodukt auch nicht das komplette geistige Eigentum besitzen.

Allen Beispielen ist gemein, dass sie bei Vernetzung und Kooperation neue Wege gehen und die bisher geltenden Unternehmensschranken öffnen.

Die real existierende Spannung zwischen Wettbewerb und Kooperation bekommt mit diesem Ansatz eine neue Wendung und Benchmarking eine erweiterte Bedeutung.

Eine Firma, die diesen Weg einschlagen will, kann sich dabei an Tapscotts Vorschlag orientieren und ein „gemischtes Portfolio von geistigem Eigentum entwickeln und entscheiden, welche Teile davon offen zugänglich sind" (brand eins 2/2007, S. 72).

Auf den Punkt gebracht:

◆ Die Entscheidung, mit Benchmarking zu arbeiten, muss von der Firmenstrategie her getroffen werden.

◆ Daraus kann sich ergeben, in welchem Bereich und mit welchen Zielen Benchmarking durchgeführt wird: Interessiert der Vergleich der „hard facts, also etwa die Finanz- und die Managementprozessdaten, oder eher der Bereich der „soft facts", also der Business Excellence wie Führung, Mitarbeiterfragen und Kundenorientierung oder gesellschaftliche Verantwortung?

◆ Diese Entscheidungen bestimmen die Art der Daten und deren Erhebung und Auswertung.

◆ Die individuellen Regeln und Umgangsformen werden in einer transparenten Weise festgelegt.

◆ Ebenfalls zur strategischen Seite gehören die Fragen, wie weit die Öffnung der Firmengeheimnisse gehen soll und in welcher Weise Networking und Kooperation zukünftig gestaltet sein sollen.

◆ Das ergibt eine gute Grundlage für den operativen Benchmarking Prozess.

3 Der Nutzen des Benchmarkings für meine Firma

Den Benchmarking-Prozess gestalten

3.1 Nutzen von Benchmarking generell

Zuverlässige Zahlen über den Nutzen von Benchmarking-Prozessen sind kaum zu finden. Schätzungen gehen aus von einer Scheiternsquote von 50 bis 80 %.
Als die beiden wichtigsten Gründe für das Scheitern wurden in einer empirischen Studie von J. Weber und B. Wertz die mangelnde Kenntnis der Erfolgsfaktoren und das Fehlen eines systematischen Controllings genannt (vgl. Frankfurter Allgemeine Zeitung vom 15.03.1999, S. 28).

Als wichtige Erfolgsfaktoren werden genannt:
◆ Planung
◆ Besetzung des Benchmarking-Teams
◆ Vergleichbarkeit

3.2 Nutzen von Benchmarking speziell

Wer an einem Benchmarking-Prozess teilnehmen konnte, wird eine ganze Reihe von Nutzenfaktoren für die Organisation selbst und die Mitarbeitenden feststellen können, z.B.:
◆ effizientere und effektivere Prozesse (Kostenersparnis, Ressourcenschonung)
◆ verbesserte Leistung und Kundenorientierung (d.h. höhere Kundenzufriedenheit)
◆ verbesserte Wettbewerbsfähigkeit

- verbesserte Nutzung von Ressourcen (Kostenersparnis, weniger Abfall, höhere Nachhaltigkeit)
- höheres Niveau an Management-Unterstützung (bessere Führungskultur und damit höhere Mitarbeiterzufriedenheit)
- schnellere und haltbarere Entscheidungsfindung (Kostenersparnis etc.)
- intensiveres und effektiveres Marketing (Wettbewerbsvorteil, Image)
- beschleunigte Veränderungsprozesse und verbessertes Change-Management
- verbessertes professionelles Verhalten
- Unterstützung für die strategischen Ziele mit der Folge der Unterstützung der Organisationsziele

Neben diesen konkreten Nutzenfaktoren entsteht in der Regel auch ein wichtiger Imagenutzen. Dafür ein Beispiel:

Der Wettbewerb „Great Place to Work®" (Bester Arbeitgeber) hat eine Benchmark entwickelt, die durch entsprechende Öffentlichkeit, Preisverleihung etc. auf das Unternehmen aufmerksam macht. Sie informiert damit nicht nur die Kunden über einen bestimmten Unternehmenswert, sondern zieht auch Mitarbeiter an.
Als Dimensionen des firmenübergreifenden Benchmarkings werden untersucht und bewertet (vgl. www.greatplaceto-work.de):
- Vertrauen
- Glaubwürdigkeit
- Respekt
- Fairness
- Stolz und Teamorientierung

Auch wer nicht an diesem oder ähnlichen Wettbewerben teilnimmt, kann im Sinne eines internen Benchmarkings prüfen, wie es um die dargestellten Faktoren eines guten

Arbeitsplatzes in der eigenen Organisation steht, und diese durch weitere selbst gewählte Faktoren ergänzen.

Was kann man vom Benchmarking gewinnen? Einfach gesagt:

> Benchmarking führt zu besserer Qualität und höherem Gewinn.

Man hört von Unternehmern nach einem ernsthaften Benchmarking-Prozess etwa die folgenden Kommentare:

◆ „Wir dachten, wir könnten die Lieferzeit um 20% verkürzen, aber wir glaubten nicht, dass wir sie um 50% verkürzen konnten. Dies wurde offensichtlich, als wir ein Unternehmen besuchten, das dies bereits realisiert hatte."

◆ „Wir dachten, dass alle Schritte in unserem Fertigungsprozess notwendig wären, um ein gutes Produkt herzustellen. Nachdem wir andere Firmen besuchten, die den Prozess wesentlich gestrafft hatten, konnten auch wir viele Schritte weglassen oder in andere integrieren."

◆ „Wir waren im Stande, eine neue Form des Kundenkontaktes und der Kundenpflege zu schaffen, als wir sahen, dass andere Firmen ein höheres Niveau an Kundenzufriedenheit erreicht hatten. Dies bringt uns auch mehr Gewinn."

3.3 Risiken

Dem Nutzen von Benchmarking-Vergleichen stehen auch Risiken gegenüber (denen z.T. wiederum durch Benchmarking abgeholfen werden kann!).

Risikoabschätzung – Fallstricke und Probleme

Jede Aktivität in einer Organisation erzeugt Wirkungen, aber nicht alle Wirkungen sind erwünscht. Zu den strategischen Führungsaufgaben gehört es dann, mögliche negative Wirkungen einer Maßnahme abzuschätzen und geeignete Schritte zu ihrer Vermeidung vorzusehen.

> Beispielsweise könnte die Einführung eines Benchmarking-Projekts bei Mitarbeitern zu Mutmaßungen und Spekulationen über geplante Arbeitsverdichtungen o.Ä. führen, wenn die Maßnahme nicht rechtzeitig und genügend vorbereitet und kommuniziert wurde.

Einige wichtige Risikofaktoren werden im Folgenden beschrieben (vgl. http://www.sla.org/content/Shop/Information/infoonline/2002/jul02/henczel.cfm):

◆ Zusammenarbeit und Wettbewerb: Benchmarking erfordert Zusammenarbeit entweder mit anderen internen Gruppen oder – im Falle des externen Benchmarkings – mit anderen Organisationen. Das ist oft nicht so einfach, wenn potenzielle Benchmarking-Partner auch Wettbewerber sind und die „kommerzielle Empfindlichkeit" sie daran hindert, die Details ihrer Prozesse offenzulegen.

◆ Methoden der Datenerhebung: Sind die Methoden zur Datenerhebung nicht konsistent oder standardisiert, kann das dazu führen, dass die angestellten Vergleiche weniger valide sind, als sie erscheinen. Auch die Grenzen der Prozesse, die gebenchmarkt werden, müssen gut beschrieben, möglicherweise auch definiert sein.

◆ Feldveränderung: Laufende Messungen und Vergleiche bilden Veränderungen wie beispielsweise neuen Wettbewerb, neue Technologie, Inflationsraten etc. nicht einfach ab. Dazu müssten sie in den Datenerhebungsprozess einfließen, sobald eine relevante Veränderung auftaucht.

◆ Vertrauen: Es besteht die Gefahr, so vertraut mit Benchmarking zu werden, dass man die Suche nach den Prozessverbesserungen nicht mehr intensiv genug betreibt.

Es kann sich eine Kultur des „Gleichseins" einschleichen, die die Kreativität erstickt, die notwendig ist für den Aufbruch zu neuen Wegen und neuen Taten.

◆ Ressourcen: Benchmarking benötigt eine ausdrückliche Selbstverpflichtung auf die nötigen Ressourcen wie Zeit, Menschen, Geld etc., ohne eine Garantie zu geben, dass ein Nutzen entsteht.

◆ Partner: Die richtigen Benchmarking-Partner zu finden, ist nicht einfach. Man braucht genügend Informationen über die Prozesse, die bei den Partnern verwendet werden, um sicherzugehen, dass messbarer und vergleichbarer Nutzen entsteht.

◆ Der menschliche Faktor: Nicht immer ist die Adaption eines Prozesses erfolgreich, weil er abhängig ist von den Fähigkeiten und Erfahrungen der ursprünglichen Anwender.

◆ Unangemessene Übernahme: Benchmarking der Prozesse, von denen man sicher ist, dass sie strategisch wichtig für die eigene Organisation sind, ist vordringlich. Man sollte sich davor hüten, Prozesse, die nicht von strategischer Bedeutung sind, zu benchmarken, nur weil es so scheint, als würden sie woanders besser beherrscht.

◆ Innovative und effiziente Prozesse: Benchmarking ist nicht besonders nützlich für Organisationen, die zwar innovative und effiziente Prozesse installiert haben, dafür aber ein ganz spezielles Umfeld geschaffen haben. Für Organisationen, die mit ineffizienten und unökonomischen Prozessen kämpfen, kann es dagegen sehr hilfreich sein.

◆ Best Practice: Best Practice ist nicht immer angemessen. Es kann auf eine spezielle Umgebung zugeschnitten sein und in davon abweichenden Situationen unpassend sein. Bevor man sich zur Übernahme entscheidet, ist es wichtig, auf die Menschen zu sehen, die mit dem Prozess umgehen, und die Beziehung der zu adaptierenden Prozesse auf die anderen, bereits vorhandenen in Rechnung zu stellen.

Wo liegen Grenzen?

In jedem Fall ist es wichtig, sich über die Grenzen des Verfahrens im Klaren zu sein, vor allem um ihnen gezielt begegnen zu können:

◆ Die Datensammlung ist sehr umfangreich. Sie wird zwangsläufig von Menschen erstellt mit fundierten Detailkenntnissen, von Menschen also, die Beteiligte und damit auch Befangene sein könnten.

◆ Ein Benchmarking kann nicht alle Fragen stellen. Damit die wichtigste Frage nie fehlt, ist es wichtig, folgenreiche Entscheidungen niemals ausschließlich aufgrund des Zahlenmaterials und nie alleine zu treffen.

◆ Im Bereich kleiner Zahlen (z.B. Abteilungen mit nur fünf Personen) werden Sicherheits-Overheads benötigt.

◆ Benchmarks betrachten häufig nur ein momentanes Bild und berücksichtigen Entwicklungen, starkes Wachstum oder Rückgänge unzureichend.

◆ Internationale Benchmarks wurden z.B. für die USA entwickelt und berücksichtigen zu wenig kulturelle, gesetzliche etc. Unterschiede.

◆ Es entsteht Rechtfertigungsdruck, der die Suche nach Engpässen in falsche Richtungen lenken kann.

◆ Benchmarking ist ein Steckenpferd der Unternehmensberater. Für diese könnte manchmal die Generierung neuer Probleme wichtiger sein als einfache Erkenntnisse und deren Umsetzung.

3.4   Nutzen für die Kunden

Es ist naheliegend, dass eine Firma, die von anderen lernt und damit ihre eigenen Prozesse und Produkte verbessert, dem Kunden höheren Nutzen bieten kann.
Diese Aussage ist zunächst recht generell und ihre „Wahrheit" muss selbstverständlich in jedem Einzelfall überprüft werden.

Weil in unserem Ansatz Benchmarking kein zweckfreies Mittel ist, muss jeder Benchmarking-Prozess auf das unseres Erachtens nach wichtigste Unternehmensziel, nämlich auf den Kundennutzen, ausgerichtet sein.

Weil der Kundennutzen eine so zentrale Rolle spielt, ist es empfehlenswert, diesen anhand eines Fragebogens zu erforschen. Dieses Instrument ist gleichzeitig als Beispiel bzw. als Muster für ein bestimmtes Thema zu betrachten, das für andere Zielrichtungen und Inhalte „nachgebaut" werden kann.

Fragebogen zur Feststellung der Kundenzufriedenheit

1. **Stellung der Firmenengagements zur Kundenzufriedenheit**

   a) Wie ist Kundenzufriedenheit definiert/verstanden?
   b) Wie ist Kundenorientierung in den Werten, der Qualität, dem Geschäftskonzept der Firma sichtbar?
   c) Wie wird die Bedeutung der Kundenzufriedenheit an die Mitarbeitenden kommuniziert und wie wird sie aufrechterhalten?
   d) Wie wird der Kundenorientierungsprozess beschrieben?

2. **Messung der Kundenzufriedenheit**

   a) Welche Kundenzufriedenheitsfaktoren werden gemessen?
   b) Kriterien zur Auswahl dieser Faktoren
   c) Methoden systematischer Messung
   d) Umfang und Häufigkeit von Umfragen
   e) Analyse der Kundenzufriedenheitsumfrage

3. **Anwendung der Messung**

   a) Verwaltung und Berichterstattung der Kundenzufriedenheitsinformationen

b) Korrekturmaßnahmen

c) Schnittstellen des Kundenorientierungsprozesses zu anderen Prozessen

d) Nutzung des Kundenorientierungsindex

4. Ergebnisse des Kundenzufriedenheitsprozesses

a) Entwicklung der Kundenzufriedenheit

b) Imageentwicklung

c) Arbeitszufriedenheit

d) Ökonomische Indikatoren

e) Bezugsprozesse in der Firma

(Die vollständige Version des Fragebogens erhalten Sie auf Nachfrage: info@ibuibu.com)

Reflektieren Sie Ihre Praxis

Welche Unternehmen kommen für uns als Benchmarking-Partner in Frage?

◆ Dienstleister: _____

◆ Produzierende: _____

◆ Andere Organisationen: _____

3.5   Nutzen für die Mitarbeiter

Neben dem generellen Nutzen des Benchmarkings für die Unternehmung ergibt sich für beteiligte und nicht-beteiligte Mitarbeiter ebenfalls ein Nutzen.

Wer über das Benchmarking die Möglichkeit hat, Einblick in einen anderen Betrieb zu bekommen, sieht über den Tellerrand hinaus. Auch die eigene Firma und die eigene Arbeit wird aus einem anderen Blickwinkel betrachtet. Damit werden neue Erkenntnisse gewonnen.

Lernen von anderen, aber auch über sich selbst und die eigene Tätigkeit bringt eigene Stärken und Potenziale ans Licht.

Des Weiteren ist das Benchmarking ein methodisches Vorgehen, welches sich auf andere Bereiche und Prozesse anwenden lässt. Die kooperativen und koordinativen Aspekte des Benchmarking-Prozesses helfen, sowohl diese Fähigkeiten als auch interne und externe Netzwerke zu entwickeln – die für die weitere Arbeit von Nutzen sein können.

> Nicht zu vernachlässigen ist der motivierende Effekt der Einbindung von Mitarbeitern in den Verbesserungsprozess.

3.6 Benchmarking als Daueraufgabe

Der kontinuierliche Vergleich mit anderen ist eine Aufgabe, die nicht endet. Sicher wird das Benchmarking mittlerweile nicht nur im Rahmen von Qualitäts- und anderen Managementsystemen gefordert, sondern es ist fester Bestandteil in Organisationen, die sich als „lernend" bezeichnen.
Insbesondere wenn die Vorteile des Benchmarkings einmal erkannt sind, wird die ständige Suche nach innovativen Ideen aus anderen Bereichen, Branchen, Prozessen oder Produkten zur Quelle für neue und interessante Ideen.

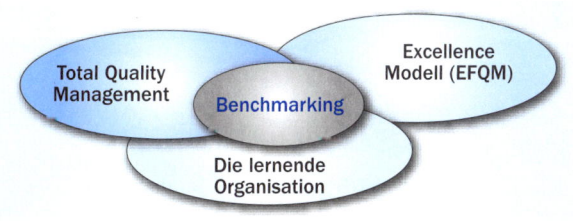

Das Benchmarking-Umfeld

Allein das systematische Vorgehen des Benchmarkings birgt enorme Potenziale für das Lernen und für die Verbesserung. Identifikation des Objekts oder des Prozesses, Analyse und

Fallbeispiel: Benchmarking zur Kundenzufriedenheit

Eine Gruppe von 13 Firmen unterschiedlicher Größen und Branchen war an einem Benchmarking-Projekt „Kundenzufriedenheit – Messung und Anwendung" beteiligt.

Auf die Ausgangsfrage „Was macht einen Kunden zum zufriedenen Kunden?" kristallisierten sich folgende Antwortaspekte heraus:

Ein zufriedener Kunde
◆ hat eine Belieferung erfahren, die seine Erwartungen möglichst übertrifft;
◆ kann mit dem erhaltenen Produkt oder der Dienstleistung gute Ergebnisse erzielen;
◆ arbeitet gerne mit dem erhaltenen Produkt oder der Dienstleistung;
◆ empfiehlt das Produkt auch anderen;
◆ ist bereit, sich mit dem Lieferanten auf gemeinsame Normen und Richtlinien einzulassen;
◆ ist bereit, mit dem Lieferanten in einen gemeinsamen Entwicklungsprozess einzutreten;
◆ kauft weiter beim gleichen Lieferanten ein.

Den Lerngegenstand umreißen und Schlüsselfaktoren finden

Nachdem man den Lerngegenstand – Kundenzufriedenheit – umrissen und klar definiert hat, muss der Prozess gemessen werden. Dafür müssen Indikatoren gefunden werden.

Eine Fragenliste, als „Indikatorsystem" bezeichnet, wurde entwickelt und bei einem Benchmarking-Besuch bei einer der teilnehmenden Firmen getestet.

Beim Besuch lernte die Gruppe viel über das Funktionieren des Indikatorsystems und über die Handhabung eines Besuchszeitplans. Die endgültige Fragenliste war auch ohne das Benchmarking-Projekt ein gutes Werkzeug für Entwickler eines Kundenorientierungsprozesses und darüber hinaus ein wichtiges Gesamtprodukt der Gruppe.

Wahl der Partner

Bereits bei der Arbeit am Indikatorsystem begann man mit der Liste der möglichen Partner – wobei 20 Firmen als Partner in Frage kamen.

Bei der Endauswahl wurde jeder Kandidat in einer Entscheidungsanalyse nach fünf Kriterien bewertet:
- Generelle Vergleichbarkeit
- Ein beschriebener oder bekannter Prozess
- Weltweites/Internationales Engagement
- Umfassendes Qualitätsmanagement
- Ein bestimmter Grad von Komplexität im Ablauf

Zusätzliches Kriterium: Jeder Kandidat musste ein erfolgreiches Unternehmen sein.

Diese Entscheidungsanalyse reduzierte die Kandidatenliste und je ein Industrie- und ein Dienstleistungsbetrieb wurden als Partner ausgewählt.

Kennenlernen des eigenen Prozessablaufs

Vor Besuchen wurde jede teilnehmende Firma angehalten, mit Hilfe der oben genannten Fragenliste ihren eigenen Prozessablauf durchzugehen, um gute und brauchbare Fragen stellen zu können.

Den eigenen Prozessablauf zu verstehen und ihn beschreiben zu können, erwies sich als zentraler Punkt der Entwicklung in den Firmen. Mehrere Prozessbeschreibungen mussten spezifiziert und visualisiert werden. Das Projekt brachte viele gute Prozessbeschreibungen hervor.

Kennenlernen der Partner

Ziele, Inhalt, Ablauf und Fragenliste des Besuches wurden mit den Unternehmen zusammen erarbeitet. Die Besuche in beiden Unternehmen wurden innerhalb eines Tages durchgeführt. Das Programm war bei beiden Besuchen identisch.

Berichterstattung

Direkt nach den Besuchen machte man eine Zusammenfassung. Den Stärken und Schwächen der Gastgeberfirmen wurde dabei besondere Aufmerksamkeit geschenkt.

Lernergebnis:
◆ die Wichtigkeit des Engagements und der Einbindung der Leitungsgruppe;
◆ wenn die Dinge auf die Ebene eines jeden Angestellten gebracht werden, bekommt man Ergebnisse;
◆ die Prozeduren müssen allgemein übereinstimmend sein;
◆ Arbeitszufriedenheit ist ein wesentlicher Teil im Kundenorientierungsprozess;
◆ es ist sinnvoll, Ziele zur Arbeitszufriedenheit zu setzen.

Firmenspezifische Entwicklung

Viele Firmen haben vorher schon Benchmarking-Prozesse durchgeführt. Dennoch waren bewusst geplante und eingeführte Benchmarking-Aktivitäten neu. Vorerfahrungen waren positiv.

Einige Firmen hatten das Ziel, Benchmarking zu einem regulären Bestandteil ihrer Entwicklungsaktivitäten zu machen. Im Verlauf des Projekts wurde dieses Ziel verstärkt.

Die Firmenbesuche implizierten immer Gespräche über Benchmarking und gut geplantes Training. Das Training zielte darauf ab, Erfahrungen in Benchmarking-Aktivitäten und dem Kundenorientierungsprozess durch die normale Arbeit bereitzustellen, z.B.:

◆ Durchführung von Benchmarking im kleineren Umfang als Teil des Trainings
◆ Ein Treffen mit Kunden als Trainingsmaßnahme arrangieren
◆ Ein gemeinsames Event mit den Firmenkunden

Arbeit und Fertigkeiten der Gruppe

Eine weitere Frucht dieser Zusammenarbeit war das Erkennen vieler zentraler Faktoren für die Durchführung eines erfolgreichen Benchmarking-Prozesses.

Die Gruppe stellte eine Fragenliste zusammen, aus der man vier grundlegende Charakteristiken eines erfolgreichen Benchmarking-Prozesses herleiten kann:

◆ Das Unternehmen hat sich auf der Basis seiner Werte auf Kundenzufriedenheit verpflichtet
◆ Das Unternehmen hat eine effektive Methode, die Kundenzufriedenheit kontinuierlich zu messen
◆ Messungen und Rückmeldungen durch die Kunden führen auf jeden Fall zu Aktionen
◆ Als Ergebnis dieses Prozesses steigen die Kundenzufriedenheit und die finanzielle Profitabilität

Entwicklung einer klaren Zielsetzung für die Benchmark – schon diese Auseinandersetzung zeigt erfahrungsgemäß viele Verbesserungspotenziale auf, nur anhand des besseren Verständnisses des Objekts.

Die Datensammlung mündet in die Identifikation von Benchmarking-Partnern. Diese erwarten eine gute, informierte Basis für den Vergleich, damit auch der Partner etwas lernen kann.
Es ist die Regel, dass auf beiden Seiten „beste Praktiken" beleuchtet werden und eine echte „Win-Win"-Situation entsteht.

Ziel des Benchmarkings ist es, für die eigene Verbesserung zu lernen. Dies kann nur ein andauernder Prozess und keine Einzelveranstaltung sein, wenn die Verbesserung nachhaltig sein soll.

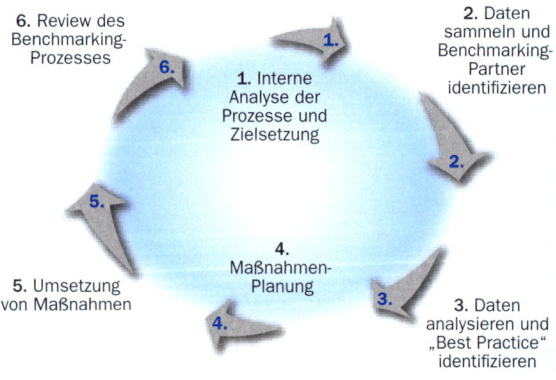

Der Benchmarking-Prozess

Für die einzelnen Benchmarking-Arten sind folgende Vor- und Nachteile festgestellt worden:

Benchmarking-Art	Vorteile	Nachteile
Internes Bench-marking:	einfache Datenerfassung	keine Marktorien-tierung
	erster Schritt für externe Studien	keine Spitzenleis-tungen
Wettbewerbsorien-tiertes Benchmarking:	Prozesse und Produkte sind vergleichbar	schwierige Datenerfassung
	Positionierung auf dem Markt	nur Zugriff auf Primärdaten
	geschäftsrelevante Faktoren	Gefahr branchen-mäßigen Kopierens
Funktionales Benchmarking:	beste Aussichten auf Erfolg	zeitaufwendig/kostenintensiv
	innovative Lösungsvorschläge	Vergleichbarkeit muss gegeben sein

Vor- und Nachteile des Benchmarkings (in Anlehnung an: Beckers Benchmarking 2001)

3.7 Phasen und Schritte des Benchmarkings – der Gesamtprozess im Überblick

Das gesamte Benchmarking umfasst bis zu zwölf Stufen. In der Praxis wird der Prozess je nach Situation verkürzt (wenn z.B. die Firma, die besucht werden soll, bereits bekannt ist, entfallen die Schritte drei und vier).
Gelegentlich ist es auch möglich, die Stufen neun, zehn und zwölf zu verkürzen, wenn man nur einige Ideen für schnelle Umsetzungsmaßnahmen erhalten will.

Es soll aber der Aufwand, der zur Planung der Umsetzung nach dem Firmenbesuch notwendig ist, nicht unterschätzt werden.

Die laufende Aufrechterhaltung und Beobachtung der neuen Praxis ist besonders wichtig (vgl. Kap. 5.2).

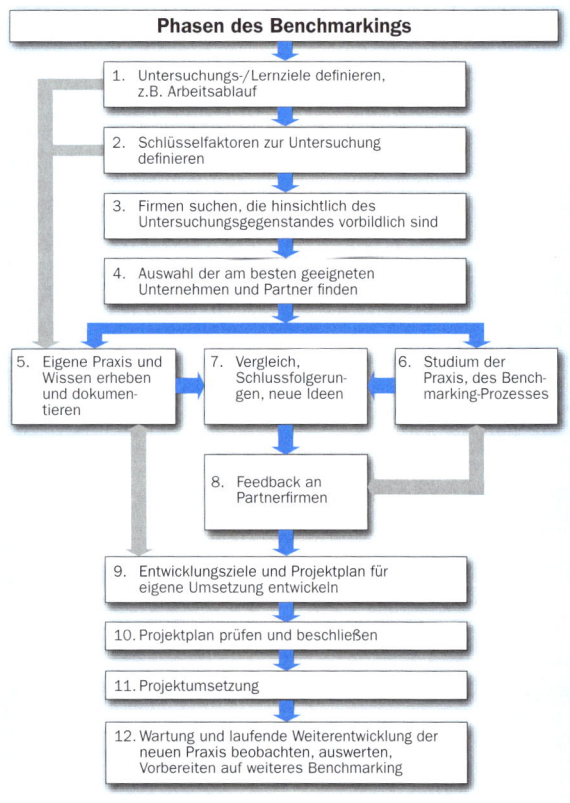

Phasen des Benchmarkings

1. Untersuchungs-/Lernziele definieren, z.B. Arbeitsablauf
2. Schlüsselfaktoren zur Untersuchung definieren
3. Firmen suchen, die hinsichtlich des Untersuchungsgegenstandes vorbildlich sind
4. Auswahl der am besten geeigneten Unternehmen und Partner finden
5. Eigene Praxis und Wissen erheben und dokumentieren
7. Vergleich, Schlussfolgerungen, neue Ideen
6. Studium der Praxis, des Benchmarking-Prozesses
8. Feedback an Partnerfirmen
9. Entwicklungsziele und Projektplan für eigene Umsetzung entwickeln
10. Projektplan prüfen und beschließen
11. Projektumsetzung
12. Wartung und laufende Weiterentwicklung der neuen Praxis beobachten, auswerten, Vorbereiten auf weiteres Benchmarking

Phasen des Benchmarkings

Definieren der Ziele

In dieser Phase definiert man so konkret wie möglich, welche Art Know-how man als „Außenstehender" erlangen will. Dies kann in Form eines Zieles formuliert werden.
Ziele können beispielsweise sein, neues Wissen zu erwerben, die bestehende eigene Praxis zu verbessern oder konzeptionelle, soziale bzw. technische Fähigkeiten zu verbessern.

Für eine gründliche Lernzielformulierung wird empfohlen, die Fragen in einer kleinen Gruppe zu entwickeln – eventuell unter Verwendung systematischer Gruppenmethoden.

Definieren der zu untersuchenden Schlüsselfaktoren

Zu diesem Zeitpunkt geht es darum, einen konkreten Fragebogen zu erarbeiten über jene Bereiche, die untersucht werden sollen.
Es ist sinnvoll, auch Fragen von den Kollegen zu sammeln, die nicht der Benchmarking-Gruppe angehören.
Die Gruppe definiert die endgültigen Fragen und überlegt, wie die einzelnen Punkte „gemessen" werden können.

Suche nach geeigneten Unternehmen

Für eine vernünftige Suche sollte hier das Wissen möglichst vieler Kollegen und „Netzwerkpartner" genutzt werden. Außerdem sollten alle verfügbaren Zeitungsartikel und andere Berichte herangezogen werden.

Auswahl der geeigneten Unternehmen und Partner

Folgende Kriterien stehen bei der Auswahl der Partner im Vordergrund:
◆   Die entsprechende Firma sollte über Know-how oder Erfahrung, das/die in der eigenen Organisation fehlt,

verfügen, denn ein solches Know-how würde die eigene Organisation weiterbringen.

- ◆ Die Firma muss bereit sein, ihre Türen und „Bücher" zu öffnen.
- ◆ Sie muss bezüglich der interessierenden Fragen erfolgreich sein.

Den Stand der eigenen Praxis erheben

Die Erhebung des eigenen Standpunktes beginnt bereits mit Schritt eins und zwei und wird noch spezifischer herausgearbeitet während des Studiums der Praxis des besuchten Unternehmens.

Die „eigene Praxis erheben" bedeutet in diesem Schritt konkret, die Fragen, die uns bei anderen Unternehmen interessieren, für unser Unternehmen selbst beantworten zu können. Dies befähigt, während des Besuchs spontan gute Fragen zu stellen.

Das Studium der Praxis des Benchmarking-Partners

Dies ist die Schlüsselphase des gesamten Benchmarking-Prozesses.

Die im Schritt 2 erstellte Fragenliste wird dem Benchmarking-Partner im Vorhinein zugesandt. Wenn nötig, können Beobachtungsaufgaben auf verschiedene Gruppenmitglieder aufgeteilt werden. Es ist auch wichtig, sich zu verständigen, wie die Ergebnisse festgehalten und dokumentiert werden.

Die Fragenliste wird mit den Gastgebern des Partner-Unternehmens durchgegangen, zusätzliche Fragen werden vor Ort spontan gestellt. Wenn Messgrößen/Leistungsfaktoren im Vorhinein definiert wurden (Phase 2), werden diese auch angewendet.

Es ist vorteilhaft, auch alle Aktivitäten in der Organisation auf Baustellen zu beobachten.

Sehr wichtig ist es, Offenheit und Vertrauen zu pflegen und die Atmosphäre einer Prüfung, eines „Audits", zu vermeiden. Geben und Nehmen sollen in Balance kommen.

Es ist außerdem fruchtbar, herauszufinden, wie eine bestimmte Praxis entstanden ist und warum man sich dafür entschieden hat.

Schließlich ist es nützlich, zu erfahren, was sich als „Sackgasse" erwiesen hat und wie Sie diese überwunden haben.

Vergleich, Schlussfolgerungen, neue Ideen

Je mehr die Situation der eines gegenseitigen Erfahrungsaustausches entspricht, desto intensiver kann bereits während des Besuchs die Zeit für Vergleiche, Schlussfolgerungen und neue Ideen genutzt werden.

Man kann beim Durchgehen der Fragen bereits beide Unternehmungen einbeziehen. Hier kann es nützlich sein, kleinere Gruppen zu bilden, die sich arbeitsteilig auf bestimmte Bereiche konzentrieren.

Feedback an das Partnerunternehmen

Bereits während des Besuchs vor Ort oder zumindest am selben Tag erfolgt ein Feedback an das Partnerunternehmen. Später werden alle Ergebnisse in Form eines Berichtes festgehalten, in dem z.B. die folgenden Dinge enthalten sind:
◆ gewonnene neue Fragen und Erkenntnisse
◆ Stärken des besuchten Unternehmens
◆ einige mögliche Ideen zur Weiterentwicklung des Unternehmens
◆ Praxis und Wissen, das allgemein verwendbar und übertragbar ist
◆ Ideen, die das eigene Unternehmen auf Grund des Besuchs anwenden will, und Vorschläge für Entwicklungsprojekte

Entwicklungsziele und Projektplan für die eigene Praxis

Nun werden auf Basis des Prozesses mit dem Partnerunternehmen Ziele gesetzt, um die eigene Praxis zu verbessern. Die Vorschläge werden in Form des Projektmanagements umgesetzt. Bei ähnlicher Situation kann man ein Projekt auch gemeinsam mit dem Partner starten.

Beschluss des Projektplanes

Der Projektplan wird entsprechend dem Entscheidungsfindungsprozess in dem eigenen Unternehmen genehmigt (angenommen). Ein bestimmender Faktor dabei ist der Umfang des Projektes.

Projektumsetzung

Es erfolgt die Planumsetzung entsprechend dem entwickelten Projektplan. Werden die Ziele während der Umsetzung geändert, müssen diese Änderungen – genau wie das ganze Projekt – vorher genehmigt werden.

3.8 Review

Die Reviewphase beschäftigt sich nicht mehr mit dem Benchmarking-Objekt, sondern mit dem Prozess. Es wird untersucht, ob das Ziel der Benchmarking-Untersuchung erreicht wurde, ob die richtige Vorgehensweise gewählt worden ist und wo Verbesserungspotenziale im Prozess liegen. Auch bei einer erfolgreichen Untersuchung muss gefragt werden, ob die Vorgehensweise systematisch und strukturiert gewesen ist. Weil Benchmarking in unserem Ansatz eine Haltung und ein kontinuierlicher Prozess im Unternehmen sein soll, ist es wichtig, dass die Suche nach Verbesserungsbereichen durchgeführt wird.

3.9 Follow-up: Pflege und Aufrechterhaltung der neuen Praxis, Monitoring, Vorbereitung für das nächste Benchmarking

Die Funktionsfähigkeit der Veränderungen wird regelmäßig überwacht und der Prozess wird, falls nötig, verbessert. Das Unternehmen wird rund um die Uhr über die Funktionsfähigkeit unterrichtet.

Wenn Ihr Unternehmen den nächsten Entwicklungsschritt gehen soll, sollten Sie sich auf einen neuerlichen Benchmarking-Prozess einstellen, der Ihnen neue Erkenntnisse und Informationen eines anderen Partner-Unternehmens bringt.

Selbstverständlich kann die hier geschilderte Phasenabfolge auch variiert werden. In jedem Fall erfordert ein optimaler Prozess folgende Vorbedingungen:

◆ Die ausgewählten Prozesse müssen in den Unternehmen bereits entwickelt und erprobt sein;
◆ es sollten über einen bestimmten Zeitraum (mindestens sechs Monate) erfasste Kennzahlen für die Prozesse vorliegen;
◆ die Unternehmen und damit ihre Prozesse sollten vom Entwicklungsstand her nicht zu unterschiedlich sein;
◆ es ist hilfreich, wenn ein gemeinsamer Bewertungsansatz (Werkstatt für Unternehmensentwicklung, EFQM etc.) im Unternehmen strategisch eingeführt ist und auf der Managementebene in den Grundzügen verstanden und etabliert ist.

3.10 Benchmarking-Fragen erarbeiten

Ein spezieller Arbeitsschritt, für den es sich lohnt, Sorgfalt und Intensität aufzuwenden, soll hier noch gesondert beschrieben werden: der Prozess des Erarbeitung der Benchmarking-Fragen.

Dieser Prozess dauert gewöhnlich zwei bis drei Stunden und besteht aus fünf Schritten:

◆ Zielformulierung
◆ eigene Fragen formulieren
◆ Fragen visualisieren und erläutern
◆ Gruppen (Bündel) von Fragen bilden
◆ Erstellen der endgültigen Frageliste

Zielformulierung

Es ist wichtig, sich für die Formulierung der (Lern-)Ziele ausreichend Zeit zu nehmen. Dabei genügt es nicht, bloß Überschriften zu nennen; die Punkte müssen diskutiert werden, bis sie jedem Teilnehmer klar sind.
Die Ziele sollen zukunfts- und aktionsorientiert sein und unterstreichen, dass sie Bestandteil der eigenen Entwicklung sind.

Eigene Fragen formulieren

Jedes Gruppenmitglied schreibt seine eigenen Fragen auf, macht gewissermaßen ein Brainstorming mit sich selbst. Die wichtigsten Fragen werden auf Karten geschrieben.

Fragen visualisieren und erläutern

Die Karten werden auf eine Pinnwand geheftet, damit sie für alle sichtbar sind.
Für die Sammlung und Erläuterung der Fragen sollte man sich Zeit nehmen, damit sie für jedes Gruppenmitglied verständlich werden.

Gruppen von Fragen bilden

Ähnliche Fragen werden nebeneinander gruppiert, so entsteht eine klarere Struktur des Fragenkataloges; es dürfen aber auch nicht zu viele Gruppen gebildet werden – eine gute Zahl liegt zwischen fünf und sieben. Die Gruppierungskriterien sollten klar sein.

Erstellen der endgültigen Fragenliste

Schließlich wird ein Fragenkatalog erstellt und an die Partner-Organisation geschickt. Die Partner brauchen ausreichend Zeit, um den Katalog zu studieren und möglicherweise rückzufragen.

Die Reihenfolge der Fragen muss gut überlegt sein: Man beginnt z.B. mit eher allgemeinen Fragen, abgestimmt auf die Wichtigkeit der Ziele im eigenen Unternehmen. Dann fährt man z.B. fort mit Fragen des Ablaufs, der Verantwortlichkeiten, der Werkzeuge und Mittel usw.
Am Ende können die Fragen diskutiert werden, die sich aus der Anwendung der beobachteten Praxis ergeben.

> Es ist nützlich, nicht nur die Ergebnisse, sondern auch die Schwierigkeiten herauszufinden. Dies schließt auch die Angaben ein, wie die Praxis entstanden ist und wie sie verändert wurde.

Nach Fertigstellen des Fragenkataloges werden die Verantwortlichkeiten festgelegt:
◆ Wer stellt welche Fragen und dokumentiert sie?
◆ Wer sorgt dafür, dass alle Fragen gestellt werden?

3.11 Welche Verbesserungen sollen zuerst implementiert werden?

Häufig ergibt sich aus einem Benchmarking, dass zur Verbesserung des untersuchten Prozesses mehrere untergeordnete Prozesse optimiert werden müssen. Es muss dann eine Entscheidung getroffen werden, welcher Subprozess zuerst verbessert werden soll.

Dies kann mit Hilfe einer Prioritätenmatrix geschehen. Eine solche Matrix kann z.B. folgendermaßen aussehen:

Zu verbessernder Prozess	Derzeitige Leistungsfähigkeit des Prozesses	Leistungsziel (angestrebte Verbesserung)	Soll-Ist-Lücke	Priorität aus Sicht des Kunden
Dialogannahme	15 Min. Wartezeit pro Kunde	0 Min. Wartezeit pro Kunde	15 Minuten	1
Pünktliche Fertigstellung des Fahrzeugs	2 Fahrzeuge pro Tag mit Verzögerung	1 Fahrzeug pro Tag mit Verzögerung	1 Fahrzeug pro Tag	2
Ersatzteilkommissionierung	90% der benötigten Ersatzteile kommissionierbar	98% der benötigten Ersatzteile kommissionierbar	8%	3

Prioritätenmatrix als Entscheidungshilfe

In der Matrix sind die Ergebnisse des Benchmarkings und der Kundenumfrage einer Luftfahrtgesellschaft eingetragen. Da die Gesellschaft eine hohe Kundenzufriedenheit anstrebt, muss als Erstes die Eincheckgeschwindigkeit erhöht werden, obwohl die größte Leistungslücke bei der Gepäckabfertigung auftritt. Wenn keine Kundenumfrage durchgeführt worden wäre, würden man den Subprozess zuerst verbessern, der die größte Leistungslücke aufweist.

Eine weitere Möglichkeit, eine Priorisierung durchzuführen, bietet die Kosten-Nutzen-Analyse.

Der Nutzen für die Organisation kann z.B. bestimmt sein durch das Gewinnen neuer Kunden, eine verbesserte Kundenzufriedenheit, verringerte Ausfallzeiten.
Die Kosten betreffen den finanziellen Aufwand, das benötigte Personal, die Zeit und die benötigten Ressourcen.

Die Planung der Umsetzung der Maßnahmen sollte aufeinander aufbauen (vgl. Camp 1989): Zunächst müssen die Verantwortlichen für das Projekt ernannt werden. Dann müssen Aufgaben spezifiert, benötigte Ressourcen geplant, ein Zeitplan aufgestellt und die erwarteten Ergebnisse definiert werden.

Danach wird eine Masse entwickelt, mit der der Erfolg der implementierten Verbesserungen überprüft werden kann.

Wenn das positiv verläuft, müssen Mitarbeiterschulungen für die neuen Aufgaben geplant werden und die geplanten Maßnahmen müssen mit den verantwortlichen Gremien abgestimmt werden.

3.12 Benchmarking als „Begleitmusik" für übergreifende Firmenentwicklung

Weil Benchmarking von vornherein auf den Blick nach außen gerichtet ist, verhindert es Betriebsblindheit und bornierte Selbstzufriedenheit. Mit Benchmarking schafft sich eine Firma ein gewissermaßen institutionalisiertes Instrument für produktive Neugier.

> Wird diese Neugier nicht zufällig, sondern systematisch wach gehalten, bekommt das Unternehmen eine ständige Ideen- und Aktivitätszufuhr, die die eigene Firma lebendig hält.

Eine Möglichkeit, die nur zufällige Anregung zu steigern, ist ein „Kompass", den man sich dafür schafft. Einen solchen stellen wir im folgenden Kapitel vor.

Auf den Punkt gebracht:

Wenn Benchmarking sorgfältig vorbereitet und geplant ist:

◆ schafft es Nutzen, indem es betriebliche Vorgänge durchschaubar macht

◆ schafft es Nutzen, indem es die Aufmerksamkeit der Mitarbeitenden auf spezielle betriebliche Stärken oder Schwächen richtet

◆ schafft es Nutzen, indem es hilft, über den eigenen Tellerrand zu blicken

◆ schafft es Nutzen durch den Einblick in andere Unternehmenspraxis

◆ schafft es Nutzen, indem es aufgrund der Vergleichs-zahlen die eigene Position klarer macht

◆ schafft es Nutzen, indem es hilft, geeignete Verände-rungsmaßnahmen zu entwickeln

◆ schafft es Nutzen durch firmenübergreifende Öffnung und Kooperation

Es gibt zwar keine gesicherten Zahlen, die einen Erfolg von Benchmarking-Maßnahmen als gesichert nachweisen, aber die konkreten Erfahrungen vieler Firmen, die Benchmar-king-Prozesse durchgeführt haben, zeigen, dass hoher Nutzen entsteht, wenn man die nötigen Voraussetzungen beachtet.

4 Wie passt Benchmarking in den Betriebsalltag?

Regelmäßige Maßnahmen verankern

4.1 Der Unternehmenskompass

Je klarer der Blick auf das eigene Unternehmen, desto ertragreicher ist der Vergleich mit anderen. Eine Möglichkeit, den Blick auf das eigene Unternehmen zu schärfen, bietet der folgende „Kompass" mit seinen zwölf „Himmelsrichtungen", die die wesentlichen Gestaltungsfelder eines Unternehmens abbilden. Er hat sich als Diagnose- und Steuerungsinstrument in Unternehmen bereits bewährt.

Unternehmenskompass

Die zwölf Gesichtspunkte, die er enthält, machen die Handhabung dieser „Brille" zwar recht komplex, aber da ein Unternehmen kaum in allen Feldern gleichzeitig Handlungsbedarf hat, kann der neugierige Blick fokussiert werden, indem man sich auf maximal drei oder vier davon konzentriert.

Steht man etwa vor einer strategischen Frage, die durch Benchmarking geklärt werden soll, ist es ratsam, sich z.B. auf die Felder „Unternehmensaufgabe", „Ressourcen" und dazugehörig auf die Felder „Leistung" und „Leistungsentwicklung" zu konzentrieren und darauf bezogen Vergleiche anzustellen.

Die folgende Beschreibung ist zunächst allgemein auf das Unternehmen als Ganzes bezogen.

Für ein Benchmarking können je nach Zielsetzung für jedes Feld unterschiedliche Indikatoren und Bewertungsmaßstäbe entwickelt werden. (Vgl. Werkstatt für Unternehmensentwicklung GmbH, www.werkstatt.biz.)

1 Unternehmensaufgabe
Was ist der Beitrag des Unternehmens zum Wirtschaften, d.h. zur Befriedigung des Bedarfs der Menschen? Üblicherweise wird dies in einem Leitbild formuliert.

2 Verantwortung
In welcher Organisationsform löst das Unternehmen seine Aufgabe? Wie bestimmt es damit die Verantwortlichkeiten und Zuständigkeiten? Wie sieht das Organigramm des Unternehmens aus?

3 Können
Welche Qualifikationen braucht das Unternehmen zur Erfüllung seiner Aufgabe und wie wird es zu einem Ort des Lernens, der Wissensentwicklung und -erhaltung?

4 Leistung

Kann durch bedarfsgerechte Erfüllung der Aufgabe, auf-bauend auf klarer Unternehmensidee, effizienter Organisa-tion und entsprechenden Qualifikationen, angemessene Wertschöpfung entstehen? Wie ist die Koordinierung der entscheidenden Produktions-, Informations- und Kommu-nikationsprozesse zwischen allen Wertschöpfungspartnern – ausgelöst vom Bedarf des Kunden – zu gestalten?

5 Vertrauen

Entwickelt sich Vertrauen als Investition in gegenseitige Beziehungen? Kann durch gegenseitige Zuverlässigkeit – nach innen gegenüber der Aufgabengemeinschaft der Mitar-beitenden und nach außen gegenüber Kunden, Lieferanten, der Gesellschaft und der Umwelt – Vertrauen weiterent-wickelt und erhalten werden?

6 Zusammenarbeit und Recht

Entsteht in einer Zeit globaler Arbeitsteilung nur Anbieter- oder Nachfragermacht oder finden wir Wege, freie Verein-barungen als tragende Basis guter Geschäftsbeziehungen zu treffen? Werden Verträge im Sinne der Klärung des gegen-seitigen Beitrags zum Ganzen verstanden – und auch ge-schlossen?

7 Ressourcen

Auf welche Weise entsteht eine angemessene Mittelausstat-tung in geistiger, materieller und finanzieller, aber auch zeit-licher Form? Wie steuern wir das Wirtschaften, die Mittelge-winnung und -erhaltung sowie ihren schonenden und nachhaltigen Einsatz und die Kontrolle ihrer sach- und auf-gabengemäßen Verwendung?

8 Grundlagenentwicklung

Auf welche Weise arbeiten wir an unseren Ideengrundlagen und halten damit die Richtung, um sowohl die sachlich-technischen Grundlagen wie die emotional-klimatische

Basis des Betriebs sowie die Ziele und die Qualität unserer wirtschaftlichen und gesellschaftlichen Leistung lebendig und bedarfsgerecht zu halten?

9 Individuelle Entwicklung

Finden wir Wege und Mittel, engagiert arbeitende Menschen nicht nur als funktionale Rädchen, sondern als Individuen wahrzunehmen, ihnen den entsprechenden Handlungsraum zu ermöglichen und damit ihr Potenzial und ihre Initiativkraft zu stärken?

10 Leistungsentwicklung

Wie antworten wir auf die sich laufend wandelnden Bedürfnisse? Sind unsere Leistung und die Art, wie wir sie erbringen, noch angemessen und zeitgemäß? Finden wir Wege, die Spannung zwischen Vergangenheit und Zukunft bewusst zur Gestaltung des Wandels auf allen Unternehmensebenen aufrechtzuerhalten?

11 Gemeinschaftsentwicklung

Ergreifen wir die Möglichkeit, individuelle Einzelne im Unternehmen zu einer Aufgabengemeinschaft zusammenwachsen zu lassen? Haben wir die Mittel, der Gefahr der Standardisierung und des Verschwindens des Einzelnen im Kollektiv entgegenzuwirken und den Respekt vor der Individualität zu pflegen? Welche Haltung drückt sich in unserer Einkommensgestaltung aus?

12 Entwicklungsgemeinschaft

Tritt zu der objektiv zu erbringenden Unternehmensleistung, die sich zwangsläufig von den Produzenten löst, eine Kultur, die Ideen kreativ und zuverlässig arbeitender Menschen so zur Geltung kommen zu lassen, dass sie im „System" des Produktions- und Handelsgeschehens noch zu erkennen sind? Sind wir in der Lage, den entstandenen ideellen und materiellen Gewinn angemessen zuzurechnen, um dadurch Initiative und Leistung zu generieren?

Wenn für jedes dieser Felder einer, ggf. auch mehrere klare Indikatoren entwickelt werden, lassen sich die Beobachtungs- und Vergleichsaspekte für die Benchmarkingpartner zielgenau bestimmen.

4.2 Sind wir ein lernendes Unternehmen?

Benchmarking ist ein Lernprozess. Er ist dann erfolgreich, wenn ein Unternehmen das Lernen auf allen Ebenen als strategisches Ziel etabliert hat. Es ist deshalb Teil der Benchmarking-Philosophie im Sinne unseres Ansatzes, die Anforderungen an ein lernendes Unternehmen zu kennen und die dafür nötigen Prozesse umzusetzen.

Anhand von zwei wichtigen Konzepten sei hier ein Hinweis darauf gegeben.

Die fünf Disziplinen nach Senge

Nach Senge zeichnet sich eine lernende Organisation durch fünf Lerndisziplinen aus (vgl. Senge 1996, S. 171 ff.).

◆ Das Systemdenken, die sogenannte fünfte Disziplin, ist die wichtigste Disziplin. Durch sie werden die anderen vier Disziplinen miteinander verbunden. Systemdenken verhindert, dass die einzelnen Disziplinen isoliert bleiben und nur eine geringe Wirkung erzielen. Senge geht davon aus, dass die Ursache für eine Vielzahl von Problemen in Organisationen in einer verkürzten Problemsicht liegt.

◆ Individuelle Meisterschaft (personal mastery) bedeutet, dass jeder Einzelne lernt, sein persönliches Können ständig auszuweiten. Personal mastery beinhaltet das Streben nach beständigem Lernen und persönlicher Weiterentwicklung, das durch eine persönliche Vision genährt wird.

◆ Mentale Modelle sind Denkmodelle, Annahmen, Verallgemeinerungen und Bilder, die unsere Handlungen und

Entscheidungen und die Art und Weise, wie wir die Welt sehen, beeinflussen. Gemeinsam mit anderen werden diese kritisch hinterfragt und ihre Bedeutung für das Unternehmen reflektiert.

◆ Gemeinsame Vision ist die Fähigkeit, eine gemeinsame, von allen Organisationsmitgliedern getragene Vision aufzubauen. Wesen und Inhalt dieser gemeinsamen Vision ist eine Unternehmensphilosophie und ein Gefühl von gemeinsamer Bestimmung, die die Mitarbeiter/innen eines Unternehmens verbindet.

◆ Team-Lernen beschreibt die Fähigkeit eines Teams, die unterschiedlichen Standpunkte und Sichtweisen zu komplexen und kritischen Fragestellungen in einem gleichberechtigten Dialog zusammenzutragen und zu einer von „kollektiver Intelligenz" getragenen Entscheidung zu kommen.

Lernen als Selbsterneuerungsprozess nach Wimmer

Wimmer sieht die Lernfähigkeit von Organisationen von den folgenden Faktoren bestimmt (vgl. Wimmer 1999):

◆ Umweltsensibilität: Wie sieht die Art der Marktbeobachtung und Kooperation nach außen (Kunden, Zulieferern etc.) aus? Ermöglicht sie dem Unternehmen, Impulse von außen aufzunehmen?

◆ Umgang mit Wissen: Wie steht es um die Pflege der Wissensbasis? Wie entsteht bereichs- und abteilungsübergreifend neues Wissen, das notwendig ist, um die Leistungsfähigkeit des Unternehmens zu erhalten?

◆ Fehler- und Problembearbeitung: Wie wird in einem Unternehmen mit Fehlern umgegangen? Werden Fehler als mögliche Lernquelle gesehen? Wie ist die Fragekultur?

◆ Interdisziplinäre, projektbezogene Zusammenarbeit: Existieren im Unternehmen abteilungs-, fach- und expertenübergreifende Formen der Problembearbeitung?

- ◆ Selbstreflexion: Sind „periodische Schleifen der Selbstreflexion" (Mitarbeitergespräche, Zielvereinbarungen, Feedback-Kultur, Auswertung von Veränderungsvorhaben etc.) vorgesehen?
- ◆ Innovationsförderndes Personalmanagement: Wie sieht die Führungskultur aus? Gibt es für die Mitarbeiter eine gezielte Förderung? Gibt es eine Strategie und aufgabenbezogene Personalpolitik mit entsprechendem Gratifikationssystem? Wird das Erfahrungswissen von Mitarbeitern berücksichtigt?

Lernertrag eines Benchmarking-Prozesses

- ◆ Eine Organisation lernt gut, wenn jeder Mitarbeiter weiß, was seine (Kern-) Aufgabe ist – das wird beim Benchmarking-Prozess geklärt
- ◆ Eine Organisation lernt gut, wenn die Mitarbeiter wissen, was sie tun, wenn sie es tun – das kann im Benchmarking-Prozess verglichen werden
- ◆ Eine Organisation lernt gut, wenn die Mitarbeiter mitdenken dürfen – das ist Voraussetzung für einen Benchmarking-Prozess
- ◆ Eine Organisation lernt gut, wenn sie wirtschaftlich erfolgreich ist – das ist eine Wirkung des Benchmarking-Prozesses
- ◆ Eine Organisation lernt gut, wenn sie Lernen und Entwicklung als integrativen Bestandteil ihrer Vision versteht – Benchmarking ist eines der Instrumente, die diese Integration unterstützen

Benchmarking als lernendes System

Die folgenden Ergebnisse aus einem Benchmarking-Projekt in wissenszentrierten Unternehmen sind aufgeführt als Hinweis auf die vielfältigen Lernmöglichkeiten, die sich aus einem Benchmarking-Prozess ergeben.

Sie liefern auch einen wichtigen methodischen Hinweis: Die Formulierung von genauen Hypothesen unterstützt die Datenauswahl und die Auswertung.

Im DLR-Projekt „Personal- und gesellschaftsorientierte Benchmarks für wissenszentrierte Unternehmen" ging es darum, Kennzahlen für personalbezogene Benchmarks in wissenszentrierten Unternehmen zu identifizieren.
Personalverantwortliche, Betriebsräte und Gewerkschaften sollten die Leistungsfähigkeit eines wissenszentrierten Unternehmens anhand seiner „Human Resources" sowie die Gesellschaftsorientierung des Unternehmens beurteilen können.
Hier wurden folgende Benchmarking-Bereiche identifiziert, denen entsprechende Hypothesen als Blickrichtungen zugeordnet worden sind. (Vgl. zu den folgenden Ausführungen: Natour/Geier 2003, S. 92 ff.)

1   Professionelles HR-Management:
Hypothese: Wissenszentrierte Unternehmen benötigen eine professionelle Personalabteilung mit effizient ablaufenden Personalprozessen und einer klaren strategischen Ausrichtung, die ihre speziellen Bedürfnisse wahrnimmt.

2   Effizientes Wissensmanagement:
Hypothese: Erfolgreiches Wissensmanagement erfordert eine Verankerung im Unternehmensleitbild, dem Führungsstil, der Kommunikationskultur und in der täglichen Praxis der Beteiligten.

3   Qualifizierung und Personalentwicklung:
Hypothese: Gut qualifizierte und motivierte Wissensarbeiter erhält sich das Unternehmen einerseits durch attraktive Karrieremodelle und Anreizsysteme, andererseits muss die regelmäßige Aktualisierung ihres Wissens auch durch bedarfsgerechte Weiterbildungsmöglichkeiten gewährleistet werden.

4 Sicherheit in flexiblen Arbeitsformen („Flexicurity"):

Hypothese: Um dem Mitarbeiter eine kreativitäts- und produktivitätsfreundliche Arbeitsumwelt zu bieten, muss sein natürliches (Arbeitsplatz-)Sicherheitsbedürfnis auch im entgrenzten und hochflexibilisierten Umfeld befriedigt werden (insbesondere in wirtschaftlich schwierigen Zeiten). Dasselbe gilt für übermäßigen Leistungs-, Zeit- und Finanzdruck (Folge: Überforderung, psychomentale Belastungen).

5 Work-Life-Balance und familiengerechtes Arbeiten:

Hypothese: Ein Unternehmen wird seiner Verantwortung gegenüber Mitarbeitern und der Gesellschaft auf Dauer nur gerecht, wenn es auch angesichts flexibler und häufig überlanger Arbeitszeiten einen Ausgleich zwischen Arbeit und Privatleben – sei es mit oder ohne Familie – schafft.

6 Gender Mainstreaming:

Hypothese: Ein Unternehmen nimmt seine Verantwortung gegenüber den Mitarbeitern und der Gesellschaft nur dann wahr, wenn es die Kompetenzen und Potenziale von Frauen und Männern gleichermaßen berücksichtigt („Managing Diversity").

7 Altersgerechtes Arbeiten:

Hypothese: Eine gesellschaftlich verantwortungsvolle Personalstrategie integriert ältere Arbeitnehmer und deren Bedürfnisse („Demografischer Wandel der Arbeitswelt") und nutzt damit deren spezielle Kompetenzen und Potenziale.

8 Betriebliche Mitbestimmung:

Hypothese: Ansprechpartner für das Personal oder eine unabhängige Vertretung der Belegschaft gewährleisten ein konstruktives und kooperatives Miteinander zwischen Unternehmensleitung und Beschäftigten. Konstruktives Miteinander beeinflusst die Leistungsfähigkeit des Unternehmens positiv.

9 Kunden- und Serviceorientierung:

Hypothese: Eine stärkere bzw. rechtzeitige Integration des Kunden in den Wertschöpfungsprozess (z.B. durch regelmäßige Abfrage der Anforderungen bzw. Evaluationsergebnisse) hat Einfluss auf die Entwicklung des Wissens und die Innovationsfähigkeit im Unternehmen selbst.

Reflektieren Sie Ihre Praxis

Welche Merkmale lernender Organisationen treffen
◆ vollständig
◆ ansatzweise
◆ gar nicht
auf uns zu?

4.3 Benchmarking und „daily business"

Im engeren Sinne verstanden, wird Benchmarking immer in Projektform durchgeführt, wenngleich es als Haltung das Tagesgeschäft mitbestimmen soll. Wünschenswert ist aber, dass zumindest die Führungskräfte im laufenden Geschäftsprozess die Bereiche möglicher Vergleiche immer im Auge haben.

Das folgende Schema kann als Leitlinie zur Erkundung von Benchmarks dienen. Es stellt wichtige Unternehmensbereiche in einer für Benchmarkingzwecke gut geeigneten Weise zusammen, denn es unterscheidet zwischen internen und externen Aufgabenbereichen.

Anregend ist, dass zwischen beiden ein Bedingungszusammenhang hergestellt wird: Was intern z.B. Ziele sind, kann extern seine Entsprechung im Markt finden und dem Management als internem Gestaltungsfeld steht das Marketing als externe Entsprechung gegenüber usw.

Die jeweils drei Faktoren, die jedem Aufgabenbereich zugeordnet werden, lassen sich durchgehend mit Benchmarks versehen, je nachdem, welche Vergleichsziele das benchmarkende Unternehmen hat.

	Interne Chancen	Externe Chancen	
Unternehmens-partner	ZIELE: Was wollen Sie?	MARKT: Was will der Markt?	Marktpartner
Unternehmens-zukunft			Markt-erwartungen
Innovations-potenziale			Wettbewerb, Marktzugang
	Interne Pläne	Externe Pläne	
Unternehmens-führung	MANAGEMENT: Was gestalten Sie?	MARKETING: Wie verwerten Sie?	Information, Kommunikation
Produkte, Innovationen			Produkt-marketing
Technische Entwicklung			Preisattrak-tivität
	Interne Abläufe	Externe Abläufe	
Betriebs-struktur	BETRIEB: Wie realisieren Sie?	VERTRIEB: Wie verkaufen Sie?	Vertriebs-struktur
Betriebs-abläufe			Vertriebs-abläufe
Qualitäts-sicherung			Vertriebs-qualität
	Interne Ergebnisse	Externe Ergebnisse	
Erfolgs-kennzahlen	ERTRÄGE: Was erhalten Sie?	PRODUKTE: Was bieten Sie?	Kunden erwartungen
Produkterfolge			Produkt-leistungen
Finanz- und Ertragslage			Kundennutzen

Business Check (vgl. Bornholdt 2004, S. 99)

Benchmarking kann also Bestandteil der täglichen Arbeit werden – im Gespräch mit Kunden, Lieferanten und Mitarbeitern können wir Benchmarking-Prinzipien anwenden und uns in der Beobachtung schulen. Und:

> Laufendes Benchmarking ist eine preiswerte Methode, neue, an anderer Stelle aber bereits ausgetestete Ideen zu finden.

◆ Denken Sie beispielsweise an Benchmarking, wenn Sie ein Trainingsprogramm in Ihrem Unternehmen durchführen oder einen neuen Mitarbeiter schulen. So könnten Sie etwa einen Besuch zu einem nahe gelegenen Unternehmen in Ihr Training einbeziehen.

◆ Wenn Sie einen neuen Mitarbeiter haben, senden Sie ihn mit einigen Kollegen zu einem anderen Unternehmen, um herauszufinden, was auf seinem zukünftigen Arbeitsgebiet die kritischen Faktoren sind.

◆ Wenn Sie bei der täglichen Arbeit ein Problem haben, denken Sie daran, eine Person in einem anderen Unternehmen zu kontaktieren, um zu fragen, wie dort das Problem gelöst wird.

Für Kooperationen mit anderen Unternehmen gilt das Gleiche wie für alle anderen Unternehmenseinkäufe: Prüfen Sie die Arbeit Ihres Lieferanten.
Wenn Sie Stammkunden haben: Finden Sie heraus, wie deren Prozess läuft. Kontaktieren Sie diese offen und stellen Sie Ihre Fragen.

4.4 Wie verankere ich Vergleichsmaßstäbe in den Köpfen, Augen und Ohren, Nasen und Fingern der Mitarbeiter?

Benchmarking basiert auf strenger Beobachtung. Bei der Datensammlung, vor allem aber bei den Besuchen, kann man Vieles beobachten. Beim Benchmarking geht es aber darum, mehr zu beobachten, als angeboten wird.

Weil wir Benchmarking als einen laufenden Prozess betrachten, ist es wichtig, die Fähigkeiten zu kennen, die dieser Prozess voraussetzt. Ebenso wichtig ist es, durch Führung und Arbeitsbedingungen bei den Mitarbeitern entsprechende Lernvoraussetzungen zu schaffen. Das kann geschehen durch:

◆ Interesse an den Menschen und ihrer Arbeit
◆ Schulung der Wahrnehmung
◆ Neugier
◆ Interesse an den eigenen und fremden Wahrnehmungen
◆ Belohnung guter Beobachtungen
◆ regelmäßige Schulung
◆ Vergleich von Zeiten, Mengen, Oberflächen, technischen Details
◆ Auswertung von Fehlern
◆ systematische Beobachtung des Wettbewerbs
◆ gezielte Dokumentation
◆ Nutzung und gezielte Auswertung der vorhandenen Dokumente
◆ Besuch von Tagungen etc.

Auf den Punkt gebracht:

Benchmarking ist kein Werkzeug, das ohne Weiteres in den Betriebsalltag passt. Durch bestimmte Maßnahmen lässt es sich jedoch ins „daily business" integrieren:

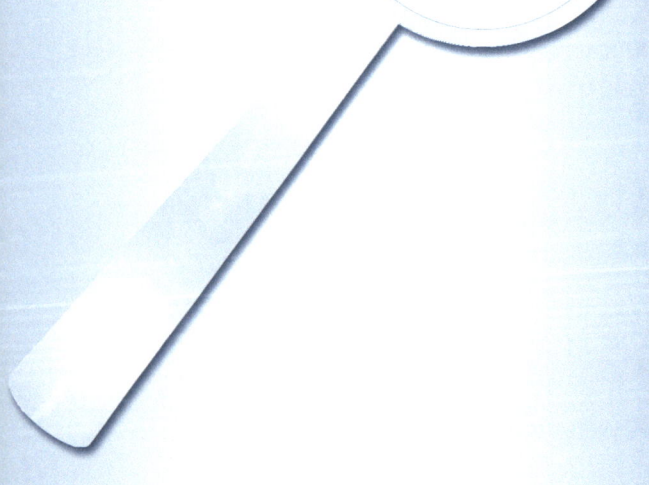

◆ Einen Kompass entwickeln, um Überblick zu bekommen

◆ Ein Lernklima schaffen, um Begeisterung zu ermöglichen

◆ Das Tagesgeschäft weiten, um über den Tellerrand zu schauen

◆ Beobachtungsfähigkeit schulen, um die wichtigen Dinge zu sehen

5 Voraussetzungen und Wirkungen im Betrieb

Analysieren und verknüpfen

5.1 Einführung

Führung für Benchmarking

Führen im Unternehmen ist – genau betrachtet – ein laufender Benchmarking-Prozess: Benchmarking heißt, die eigenen Produkte und Prozesse mit ausgewählten guten Beispielen und Vorbildern zu vergleichen.
Ist den Führungskräften bewusst, dass ihr Handeln Maßstab für das Handeln der Mitarbeitenden im Unternehmen sein soll, so ist es sinnvoll, dieses so zu gestalten, dass es nachahmenswert sein kann.

Dafür können als goldene Regeln genannt werden:
◆ Lebe Offenheit und Interesse für Veränderung vor
◆ Gib Informationen aktiv weiter
◆ Entwickle Interesse an Kritik und an einer gezielten Ideenpolitik
◆ Mache die Entscheidung des Unternehmens durchschaubar
◆ Unterstütze Mut und Selbstständigkeit

Ein hoher Anspruch ist berechtigt und leicht vermittelbar. Damit schafft man eine benchmarkingfreundliche Organisation.

Verantwortlichkeit

Wenn man Benchmarking als Haltung und als Kulturbestandteil betrachtet, wie wir das hier vertreten, ist die Frage der Verantwortlichkeit leicht beantwortet:

> Benchmarking muss von der obersten Verantwortungs-
> ebene gewollt und gestützt werden.

Nur dann findet es seinen Platz im „daily business" der weiteren Verantwortlichen und bei allen Mitarbeitern.

5.2 Umsetzung

Wertschöpfungsstufen als Orientierungspfad im Betrieb

Wertschöpfung ist das Ziel jeder betrieblichen Arbeit, und
so hat auch ein Instrument wie Benchmarking nur dann
einen betrieblichen Nutzen, wenn es die Wertschöpfung
unterstützt und verbessert.

Dazu muss man zunächst den Wertschöpfungsprozess im
eigenen Betrieb erfassen, um dann die Ergebnisse des Benchmarking-Prozesses den unterschiedlichen Wertschöpfungsstufen zuordnen zu können.

Nimmt man z.B. einen produzierenden Betrieb, kann man
etwa folgende Stufen identifizieren:.

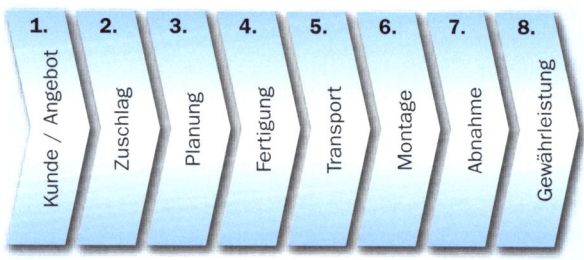

Wertschöpfungsprozess in einem produzierenden Betrieb

Um die Benchmarking-Prozesse an der Wertschöpfungskette ausrichten zu können, ist es zunächst sinnvoll, ein strategisches Gesamtziel zu formulieren. Denkbar ist aber auch,

für die einzelnen Stufen strategische Ziele zu entwickeln, indem man etwa die erwünschten Anteile wertschöpfender, wertschöpfungsunterstützender und wertverzehrender Prozesse auf jeder Stufe formuliert. Die Formulierung dieser stufenbezogenen Ziele kann allerdings auch das Ergebnis eines Benchmarking-Prozesses sein.

Benchmarking-Prozesse, die über die gesamte Kette hinweg angelegt sind, können sich etwa auf den Vergleich von Entwicklungszeiten, von Durchlaufzeiten und von Time-to-market-Prozessen beziehen. In den einzelnen Stufen oder Gruppen von Stufen können z.B. Energie- und Ressourcenverbrauch, Personaleinsatz oder eingesetzte Qualifikationen untersucht werden.

Werkzeuge

Für folgende Teilaufgaben können eigene Checklisten entwickelt oder bereits vorhandene eingesetzt werden (erhältlich unter info@ibuibu.com):

- ◆ Aktionsplan gesamt
- ◆ Zielsetzungsplan
- ◆ Aufgabenverteilung in der Projektgruppe
- ◆ Stärken-Schwächen-Analyse
- ◆ Prozessbeschreibung
- ◆ Prozessauswahl und Priorisierung
- ◆ Prozessbeteiligte
- ◆ Prozess-Ziel-Matrix
- ◆ Zusammensetzung des Benchmarking-Teams
- ◆ Übersichtsplan
- ◆ Interview-Vorbereitung
- ◆ Kontrollfragen
- ◆ Plan zur internen Analyse
- ◆ Prozessanalyse und Dokumentation
- ◆ Fragebogenaufbau
- ◆ Kontrollfragen zur Prozessbeschreibung
- ◆ Kontaktaufnahme, Planung, Vorbereitung

- ◆ Besuchsvorbereitung
- ◆ Tagesordnung des Besuchs
- ◆ Ergebnisse des Besuchs
- ◆ Stärken-Schwächen-Profil
- ◆ Kontrollfragen zum Vergleich
- ◆ Kontrollfragen für die Interpretation der Vergleichsergebnisse

Denkbar ist auch, vorhandene Arbeitsinstrumente (z.B. Balanced Scorecard, Instrumente aus dem Qualitätsmanagement etc.) durch Benchmarking-Faktoren zu ergänzen oder zu erweitern.

Verknüpfung mit dem Prozessmanagement

Prozesse sind in modernen Unternehmen die wichtigsten Verbesserungsquellen. Wenn es möglich ist, Informationen über den Zustand der eigenen Prozesse zu bekommen, lassen sich daraus wichtige Verbesserungs- oder Innovationsschritte entwickeln.

Die Prozesse, die wir als unternehmensrelevant betrachten, wurden im Kap. 4 angeführt. Unter dem Gesichtspunkt der Verknüpfung soll für alle zwölf Prozessbereiche festgelegt werden:
- ◆ Ist ein entsprechender Prozess bei uns vorhanden?
- ◆ Wie und wo ist er beschrieben?
- ◆ Wie ist er mit anderen Prozessen und mit dem Ganzen verknüpft?
- ◆ Wer ist verantwortlich?
- ◆ Welche Benchmarking-Chancen ergeben sich daraus?

Interne Marker: Mitarbeiter, Manager

Für die Entwicklung von Benchmarking als Haltung, als Unternehmenskultur, sind selbstverständlich die Mitarbeiter die entscheidenden Wirkungsfaktoren.

Wie bereits in Kap. 4.5 ausgeführt, ist es sehr wichtig, deren Bereitschaft für den Prozess aufrechtzuerhalten und die Identifikation mit dem Unternehmen zu stärken. Das ist die Voraussetzung dafür, dass die nötige Beobachtungs- und Wahrnehmungsfähigkeit für Produkt und Prozess auf den unterschiedlichen Stufen der Wertschöpfungskette, die vorlaufenden Lieferanten und die nachfolgenden After-Sales-Prozesse ausgebildet und weiterentwickelt werden.

Die andere Seite der internen Marker ist die im vorigen Kapitel ausgeführte Führungskultur. Beide sollten sich ergänzen.

Externe Marker: die Stakeholder

Jede Organisation steht in zahlreichen Verflechtungen im gesellschaftlichen und wirtschaftlichen Netzwerk und kann deshalb weder Produkte noch Prozesse ohne Wahrnehmung von Außenanforderungen gestalten. Für diese Partner von außen hat sich der Begriff der Stakeholder eingebürgert.
Neben den genannten Mitarbeitern sind hier vor allem die Kunden, die Lieferanten, die Geldgeber und die relevanten politischen Organe als Stakeholder von Bedeutung. Aber selbstverständlich sind gerade für das Benchmarking auch die Wettbewerber besonders wichtige Marker von außen, sowohl, um sich bewusst abzusetzen, als auch, um Vergleichbarkeit herzustellen.
Zur Beobachtung der außenstehenden Marker eignen sich sowohl der vorgestellte Kompass und die darauf bezogenen Prozessarten als auch die Stufen des Wertschöpfungsprozesses als „Sehhilfe".

Schulung

Das Instrument Benchmarking ist noch nicht so verbreitet, dass man die dafür nötige Qualifikation voraussetzen kann. In den meisten Fällen ist also Schulung notwendig.

Diese kann, und das wäre sicher eine effektive Form des Lernens, im Wesentlichen prozessbegleitend stattfinden.
Zusätzlich zu den in den anderen Teilen dieses Buches bereits beschriebenen Inhalten und Methoden für eine Schulung werden im Folgenden noch weitere aufgeführt.

Analyse und Beschreibung der identifizierten Prozesse

Mit Hilfe der im Folgenden dargestellten Methoden – Mindmapping, Fischgrät- oder Ishikawa-Diagramm, Prozessflussdiagramm, Time-Elapsed-Diagramm, Informationsflussdiagramm, Lieferkette – können ausgewählte Prozesse analysiert werden.
Eine solche Prozessanalyse ermöglicht es, die folgende Checkliste für jeden Prozess zu beantworten (vgl. Cook 1995):

Ertrag eines Benchmarking-Prozesses

– Was ist der messbare Output des Prozesses?
– Wer ist der Kunde des Outputs?
– Was sind die Anforderungen, die der Kunde stellt?
– Wer ist verantwortlich für den Prozess?
– Wie arbeitet der Prozess, wo sind seine Start- und Endpunkte?
– Was ist im Prozess enthalten? Welche Aktivitäten finden im Prozess statt?
– Wer ist in den Prozess eingebunden? (Personen, Zulieferer, Abteilungen etc.)
– Wann werden welche Arbeitsabläufe ausgeführt? (Zeitpläne, Ausfallzeiten, Bearbeitungszeiten etc.)
– Wie groß ist der Aufwand in Bezug auf Zeit, Geld, Personal etc. für den Prozess?
– Was sind die Probleme des Prozesses, die von dem Verantwortlichen, den Mitarbeitern und den Kunden erkannt werden?

Mindmapping

Mithilfe von Mindmapping lassen sich Denk- und Gesprächsergebnisse sichtbar machen.

Man benötigt ein großes Blatt Papier, auf das der zu beschreibende Prozess in der Mitte eingetragen wird. Von diesem Kern gehen Zweige ab, an denen jeweils ein Begriff für einzelne Ideen und Aktivitäten steht.

Aufgabe des Teams ist es nun, Verbindungen zwischen den Aktivitäten und dem Prozess herzustellen.

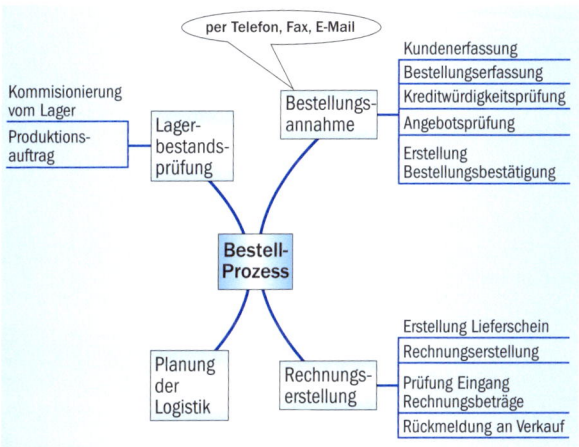

Mindmap eines Bestellprozesses

Ishikawa-Diagramm

Das Ishikawa- oder Fischgrät-Diagramm fördert die Verbindungen zwischen Aktivitäten zu Tage. Zur Erstellung eines Ishikawa-Diagramms zeichnet man auf einen Bogen Papier ein Fischskelett. In den Kopf wird der zu untersuchende Prozessname eingetragen und an jedem Ast des Skeletts eine Hauptaktivität benannt. An jeden dieser Hauptäste werden dann weitere Verzweigungen angetragen, die unterstützende Aktivitäten darstellen.

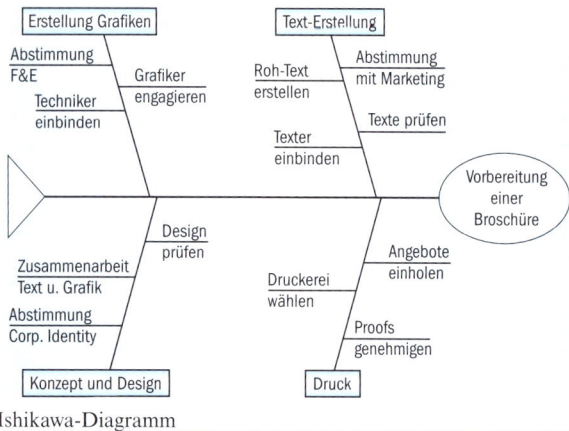

Ishikawa-Diagramm

Prozessflussdiagramm

Das Prozessflussdiagramm ist gut geeignet, um einen Prozess zu beschreiben, in dem ein Objekt in verschiedene Bereiche bewegt oder in diesen gehandhabt wird.

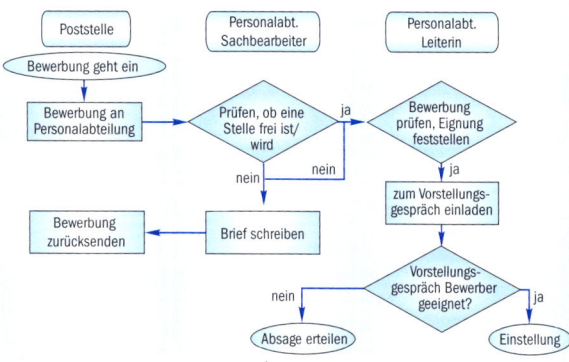

Prozessflussdiagramm zur Bearbeitung einer Bewerbung mit Angabe der Verantwortlichkeiten

Time-elapsed-Diagramm

Mithilfe eines Time-elapsed-Diagramms kann aufgezeichnet werden, wie viel Zeit vom Anfang des Prozesses bis zu seinem Ende vergeht. Es wird nicht nur die Reihenfolge der Aktivitäten aufgezeichnet, sondern es wird auch deutlich, wo sich große Verzögerungen ergeben.

Briefeingang	1. Tag
Sachbearbeiter erhält Brief durch Hauspost	1. Tag
Antwort wird entworfen	4. Tag
Antwortentwurf wird zum Schreibpool gebracht	5. Tag
Antwort wird geschrieben	7. Tag
Antwort kommt zurück zum Sachbearbeiter	7. Tag
Brief wird geprüft und zum Versand gebracht	8. Tag
Brief wird frankiert und verschickt	9. Tag
Kunde erhält Antwort	10. Tag

Time-elapsed-Diagramm

Informationsflussdiagramm

Das Informationsflussdiagramm wird zur Beschreibung der Informationsflüsse in dem untersuchten Prozess verwendet. Es zeigt die vorhandenen Informationsflüsse, also zwischen welchen Aktivitäten ein Informationsfluss in eine oder zwei Richtungen bereits stattfindet, und es legt offen, wo weitere Informationen fließen müssten.

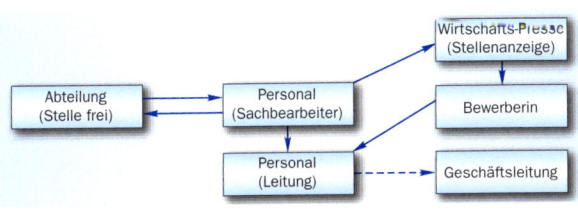

Informationsflussdiagramm für die Bearbeitung einer Bewerbung

Lieferkette bzw. Wertschöpfungsprozess

Um einen Prozess in seine Umgebung einzuordnen, ist die Darstellung des Prozesses in einer Lieferkette sehr geeignet. Diese Methode orientiert sich nicht an den Aktivitäten, die in dem untersuchten Prozess stattfinden, sondern zeigt, welche Kunden der Prozess besitzt und wessen Kunde man selbst ist.

In der Praxis kann es sinnvoller sein, die Lieferkette zu verbessern, d.h., die Rahmenbedingungen, in denen der Prozess verrichtet wird, statt des Prozesses selbst zu verändern.

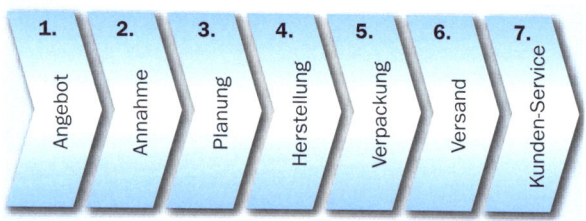

Beispiel einer Lieferkette

Methoden der Datensammlung und der Identifikation der Benchmarking-Partner

Zur Datensammlung werden zwei Methoden beschrieben, nämlich die Desk-Research-Methode und der direkte Datenaustausch mit potenziellen Partnern. Die Firmenbesuche als Kernstück der Datensammlung und die daraus folgenden Schulungskonsequenzen sind in Kapitel 3 dargestellt.

Desk-Research

Unter Desk-Research wird eine Suche verstanden, die vom Schreibtisch aus erfolgen kann. Sie untersucht zum Beispiel Papierquellen oder Datenbanken.

Die zunächst mit Benchmarking assoziierten Firmenbesuche sind nicht in allen Fällen notwendig und bilden immer den Abschluss der Datenerfassungsphase. Zunächst müssen die frei zugänglichen Informationen so umfassend wie möglich eingeholt werden.

Ein Einstieg in die Identifizierung potenzieller Partner kann über folgende Quellen geschehen:

◆ Wirtschaftszeitschriften, Jahresberichte, Firmen- und Wirtschaftspublikationen – beispielsweise. geben die TOP-100-Listen der Firmen einer Branche eine gute Orientierung
◆ Befragung der Mitarbeiter, die in dem zu untersuchenden Prozess beschäftigt sind – diese besitzen häufig einen Überblick, wer ähnliche Prozesse führt und wie gut diese sind
◆ Brainstorming der Teammitglieder, wen sie für einen geeigneten Partner halten
◆ Befragung von Kunden und Zulieferern der Organisation

Direkter Kontakt mit potenziellen Partnern

Die zweite Form der Informationsbeschaffung ist der direkte Kontakt mit potenziellen Benchmarking-Partnern.

Besteht bereits ein Kontakt zu einem Mitarbeiter eines potenziellen Benchmarkingpartners, so sollte dieser genutzt werden, denn dadurch kann mögliches Misstrauen abgebaut bzw. vermieden werden.

Sinnvoll ist es, die Kontaktaufnahme zwischen den gleichen Hierarchieebenen der Organisationen herzustellen.

Ein direkter Datenaustausch kann stattfinden anhand von Telefonumfragen oder schriftlichen Fragebögen.

Verknüpfung mit anderen Managementprozessen

Soll Benchmarking als Haltung etabliert werden, so kann es nicht isoliert von anderen Unternehmensprozessen stehen. Folgende Managementprozesse können grundsätzlich verknüpft und mit Benchmarking-Aktivitäten verbunden werden:

- ◆ Qualitätsmanagment
- ◆ Wissensmanagement
- ◆ Nachhaltigkeitsmanagement
- ◆ Personalmanagement
- ◆ Change-Management (dazu mehr in Kap. 7)

Die nötigen oder möglichen Verknüpfungen und der Weg, dies zu tun, werden hier nicht weiter ausgeführt. Wichtig ist, dass nicht nur die Verknüpfung selbst, sondern auch die Art und Weise, wie sie geschieht, als interessanter Marker betrachtet werden kann: Eine enge, systematische Verknüpfung etwa zwischen Wissensmanagement und Nachhaltigkeitsmanagement kann auf eine Unternehmenskultur mit einem ausgeprägten Bewusstseinsstand bezüglich der Wertschätzung des eigenen Know-hows und der gesellschaftlichen Verpflichtung gegenüber der Umwelt hinweisen.

Benchmarking als Schlüssel zur Qualität

Hier sei nochmals auf den oben skizzierten „Kompass" der Unternehmensgestaltung mit seinen zwölf „Himmelsrichtungen" zurückgegriffen. Neben seiner direkten Anwendung als Beurteilungsinstrument für die gegebene Unternehmenssituation kann er auf dieser Basis für eine umfassende Qualitätsentwicklung – ein „Spezialfall" von Benchmarking an selbst festgelegten Standards – genutzt werden. (Unter dem Namen „Wege zur Qualität" existiert dieses Verfahren als anerkanntes und zertifizierbares QM-System seit 1999.)

Ergänzende Fragestellungen bezogen auf den Unternehmenskompass lauten (vgl. Kap. 4):
- ◆ Unternehmensaufgabe: Ist unsere Unternehmensaufgabe im Vergleich am besten geblieben oder besteht Klärungs-, Änderungs-, Präzisierungsbedarf etc.
- ◆ Verantwortung: Hat sich die Organisation, die Entscheidungs- und Kompetenzverteilung gegenüber dem Vergleichsunternehmen verändert?

◆ **Können**: Ist unsere Qualifikationsstruktur und unser Anspruch an die benötigten Qualifikationen angemessen?

◆ **Leistung**: Sind unsere Produkte und Dienstleistungen durch den Benchmarking-Prozess verändert worden?

◆ **Vertrauen**: Gibt es durch den und nach dem Benchmarking-Prozess erkennbare Veränderungen im Betriebsklima und im Kundenverhältnis?

◆ **Zusammenarbeit/Recht**: Hat der Benchmarking-Prozess Auswirkungen auf unsere formalen Beziehungen, Verträge, die Qualitätsentwicklung etc.?

◆ **Ressourcen**: Sind spezifische Stärken oder Schwächen hinsichtlich der bei uns eingesetzten materiellen und finanziellen Ressourcen sichtbar geworden?

◆ **Grundlagenarbeit**: Gibt es Einflüsse auf Forschung und Entwicklung oder andere Formen der Arbeit an den Grundlagen unserer Arbeit?

◆ **Individuelle Entwicklung**: Haben unsere Mitarbeiter im Vergleich genügend Entwicklungsspielraum?

◆ **Leistungsentwicklung**: Wie können wir den Vergleich nutzen, um festzustellen, ob wir einerseits die Dinge richtig tun und ob wir andererseits die richtigen Dinge tun?

◆ **Gemeinschaftsentwicklung**: Haben wir aus dem Umgang der Vergleichsunternehmen für uns etwas gelernt, z.B. hinsichtlich von Kündigungsprozessen?

◆ **Entwicklungsgemeinschaft**: Gibt es Anregungen aus dem Vergleich zum Verhältnis zwischen der Verantwortung für die Menschen und der Verantwortung für die Aufgabe?

Auf den Punkt gebracht:

◆ Wirkungen von Benchmarking sind vielfältig

◆ Wertschöpfungsbezug für Benchmarking gibt eine klare Richtung

◆ Werkzeuge sichern professionelle Umsetzung

◆ Verknüpfung mit Managementprozessen bettet Benchmarking in die strategisch wichtigen Prozesse ein

◆ Benchmarking und Qualitätsentwicklung unterstützen sich gegenseitig mit unterschiedlichen Methoden

6 Wie erkenne ich den Erfolg von Benchmarking?

Den Prozess reflektieren

6.1 Ziel und Ergebnis

Was kann man vom Benchmarking gewinnen? Einfach ausgedrückt: Benchmarking führt zu besserer Qualität und höherem Gewinn.

Man hört von Unternehmern nach einem ernsthaften Benchmarking-Prozess etwa die folgenden Kommentare:

◆ „Wir dachten, wir könnten die Lieferzeit um 20% verkürzen, aber wir glaubten nicht, dass wir sie um 50% verkürzen konnten. Dies wurde offensichtlich, als wir ein Unternehmen besuchten, das dies bereits realisiert hatte."

◆ „Wir dachten, dass alle Schritte in unserem Fertigungsprozess notwendig wären, um ein gutes Produkt herzustellen. Nachdem wir andere Firmen besuchten, die den Prozess wesentlich gestrafft hatten, konnten auch wir viele Schritte weglassen oder in andere integrieren."

◆ „Wir waren im Stande, eine neue Form des Kundenkontaktes und der Kundenpflege zu schaffen, als wir sahen, dass andere Firmen ein höheres Niveau an Kundenzufriedenheit erreicht hatten. Dies bringt uns auch mehr Gewinn."

Benchmarking im hier beschriebenen Verständnis ist ein laufender Wahrnehmungs- und Lernprozess.
Es hat sich als hilfreich erwiesen, den persönlichen und sozialen Lernprozess als solchen auch bewusst wahrzunehmen.

Diesen Prozess können Übungen wie die im Folgenden beschriebenen gezielt begleiten und unterstützen:

Übung 1: Was geschieht bei der Kommunikation?

Die Übung kann von jeder Projektgruppe, die Benchmarking durchführt, aber auch nach jedem Gespräch, jeder Präsentation, jedem Vortrag angewandt werden.

Setting: Kleingruppe
Zeit: 20–30 Minuten inkl. Auswertung

Die Gruppe beantwortet folgende Fragen
◆ Was wurde gesagt? Die Gruppe stellt fest, was gesagt wurde, ohne etwas hinzuzufügen.
◆ Was haben wir gehört? Die Gruppe stellt die Unterschiede fest zwischen den tatsächlichen Aussagen und dem, was jeder wahrgenommen hat.
◆ Dann wird der Unterschied zwischen den Fakten und der eigenen Wahrnehmung kurz ausgewertet – welche Erfahrung machen Sie dabei?

Übung 2: Was haben wir gelernt?

Setting: Einzelarbeit oder in Kleingruppen
Zeit: 15–30 Minuten inkl. Auswertung

Folgende Fragen werden gestellt und – eventuell auch schriftlich in Stichworten – beantwortet:
◆ Was war neu für mich?
  – bezogen auf den Inhalt (Was?)
  – bezogen auf das Vorgehen (Wie?)
◆ Was hat meine eigenen Erfahrungen und Gedanken bestärkt oder unterstützt?
  – bezogen auf den Inhalt (Was?)
  – bezogen auf das Vorgehen (Wie?)

6.2 Benchmarking: Bedingungen für den Erfolg

Die endgültige Maßeinheit des Erfolgs ist der Lernprozess,
der im Betrieb geschieht. Dabei spielen folgende Faktoren
als Erfolgsbedingungen für Benchmarking-Aktivitäten eine
zentrale Rolle:
◆ Position in der Unternehmensentwicklung
◆ Wahl des richtigen Lernzieles
◆ Erkennen relevanter Schlüsselfaktoren
◆ Auswahl der richtigen Teilnehmer
◆ Kenntnis der eigenen Praxis
◆ Wahl der richtigen Form
◆ Kenntnis des Benchmarking-Prozesses
◆ Die richtigen Partner finden
◆ Einhaltung ethischer Prinzipien
◆ Aktionen veranlassen
◆ Optimales Lernen

Position in der Unternehmensentwicklung

Benchmarking-Aktivitäten müssen im Unternehmens tief
verankert werden, damit sie der Entwicklung dienlich sein
können. Die Aktivitäten zielen auf Wandel und Lernen.
Durch die Aktivitäten soll der Wert gesteigert werden.
Wie oben erwähnt sollten Benchmarking-Aktivitäten nicht
abgetrennt oder isoliert im Unternehmen durchgeführt werden. Benchmarking ist eine strategische Aktivität.

Benchmarking als Form intensiven Lernens eignet sich selbstverständlich als Bestandteil eines langfristigen Personalentwicklungsprogramms.

Benchmarking-Aktivitäten sind ein Bestandteil der Arbeit und ein sanfter Weg, diese zu entwickeln. Der Vergleich von tatsächlichen Arbeitssituationen bringt Dinge zum Vorschein, die andere besser gemacht haben. In diesem Fall ist es klug, aus der Erfahrung zu lernen.
Unternehmen schließen heute kompliziertere Allianzen als früher; Prozessdenken bringt heutzutage Lieferanten und Kunden näher an die Firma heran, d.h., die Grenzen eines vorgegebenen Prozesses gehen über die Firma hinaus.
Es ist ganz selbstverständlich, von anderen zu lernen. Benchmarking ist Bestandteil kooperativer Beziehungen, wo es ganz selbstverständlich ist, voneinander zu lernen.

Wahl des richtigen Lernzieles

Die erste Frage bei der Wahl des Zieles ist: Was ist der Bedarf? Der Bedarf liegt vielleicht im gesamten Unternehmen oder auch in den Abläufen einer Einheit. Auf der strategischen Ebene kann das Lernziel z.B. mit internationalen Geschäften, der Produktgruppe der Firma oder dem Umgang mit Ressourcen zusammenhängen.
Prozessverbesserung ist eine grundlegende Form der Benchmarking-Aktivität. Man möchte Abläufe entwickeln. Man möchte lernen, warum andere Unternehmen bessere Resultate bekommen.
Die Entwicklung des Lernzieles sollte in den Geschäften der Firma oder den Ergebnissen sichtbar werden, wenigstens in einem Bereich.

Das Lernziel sollte den Kern des Unternehmens repräsentieren.

Das Ziel kann so entscheidend sein, dass der Erfolg der Firma von seinem Erreichen abhängt. Wenn sich z.B. eine negative Kundenrückmeldung im Umsatz oder im Gewinn niederschlägt, wird es dringend notwendig, darauf zu reagieren.

Das angestrebte Ziel sollte so gewählt sein, dass es gut auszuwerten ist. Die Auswertung bezieht sich auf die zentralen Indikatoren.

Generell kann man ein Ziel mit Hilfe verschiedener Indikatoren auswerten. Es ist sinnvoll, das Messsystem auf wenige wichtige Indikatoren zu begrenzen. Je besser das Ziel definiert und eingegrenzt ist, desto leichter ist es, die Indikatoren einzugrenzen.

Auswahl der richtigen Teilnehmer

Die Wahl der Teilnehmer ist wichtig, da man Leute braucht, die Dinge „rüberbringen" und Lernergebnisse steigern können. Die Teilnehmer müssen Zeit für das Projekt erhalten, insbesondere wenn das Benchmarking neben der üblichen Arbeit stattfinden soll. Für das gewählte Ziel (ein Prozess oder eine Frage) muss es einen Verantwortlichen geben.

Engagement ist der Schlüssel zum Erfolg.

Dies betrifft das Management, die ausführenden Organe sowie die Prozessverantwortlichen. Wer die Ergebnisse anwenden will, sollte in das Projekt eingebunden sein.

Kenntnis der eigenen Praxis

Beim Lernen und der Kenntniserlangung der eigenen Praxis und der Prozeduren sollten keine Kompromisse gemacht werden, sonst werden der Vergleich und die Zielsetzung fragwürdig.
Für den Fall, dass das Lernobjekt ein Prozess ist, sollten dessen Schritte vollständig und bis ins kleinste Detail bekannt sein.

Diese Prozessbeschreibung ist die Grundlage, um richtige und sinnvolle Fragen zum entsprechenden Prozess in einer anderen Firma zu stellen.

Die Beschreibung als Informationssammlung oder Ablaufbeschreibung (mit In- und Outputs) gibt die Eigenheiten sowie Umfang und Leistung des Prozesses wieder.

Wahl der richtigen Form

Die Form des Benchmarkings muss den Entwicklungszielen sowie der derzeitigen Situation entsprechen. Die möglichen Formen sind in Kap. 3 beschrieben.

Der Gebrauch öffentlicher Informationen gehört zu allen Formen des Benchmarkings.

> Es ist ein Missbrauch von Ressourcen, wenn man die Zeit der Partnerfirma in Anspruch nimmt, um Fragen zu stellen, die man zugänglichen Informationen, z.B. Jahresberichten, Artikeln in Fachzeitschriften etc., entnehmen kann.

Besonders im Wettbewerber-Benchmarking sind frei zugängliche Informationen eine Quelle, die man nutzen kann, ohne die Gefahr einzugehen, sich unangemessen zu verhalten.

Wenn das Ziel gut definiert und das Indikatorsystem klar ist, ist die natürlichste Form das bilaterale Benchmarking. Dies erfordert einen offenen Austausch von Informationen und Rückmeldungen.

Führung des Benchmarking-Prozesses

Der Benchmarking-Prozess muss klar geleitet und situationsgerecht entwickelt werden. Zu dieser Führung gehört von Anfang an, dass aus den Ergebnissen Konsequenzen gezogen werden (dürfen). Alles andere wäre Verschwendung.

Die richtigen Partner finden

In der Benchmarking-Literatur wird oft davon gesprochen, dass man den Partner mit der besten Praxis aussuchen soll. In der Praxis gestaltet sich dies eher schwierig. Der potenzielle Partner sollte jedoch für die gewählte Frage bessere Ergebnisse als die eigene Firma erzielen, er sollte eine Herausforderung bieten, in einem angemessenen Zeitraum selbst ein neues Niveau zu erreichen.

Man informiert seinen Partner über die Ziele, den Inhalt und das Procedere; man einigt sich vorher über das Programm des Besuchs.

Es ist wichtig, dass der Partner Zeit hat, sich vorzubereiten.

Einhaltung ethischer Prinzipien

An ethischen Prinzipien sollte man als nicht verhandelbare Grundlagen festhalten. Spionage ist eine der schlimmsten Anschuldigungen, die gegen Benchmarking vorgebracht werden, weil gelegentlich Befürchtungen bestehen, dass das Wissen, das man sich durch Benchmarking aneignet, in unangemessener Weise verwendet wird.

Das Vertrauen der Partner muss aktiv erworben werden. Ehrlichkeit, Transparenz und offene Kommunikation bei auftretenden Problemen sind die wichtigsten Voraussetzungen dafür.

Aktionen veranlassen

Der Vergleich bleibt Spielerei, wenn keine Umsetzung folgt. Es ist hilfreich, einen Projektmanagement-Rahmen für das Benchmarking selbst und die nachfolgenden Aktivitäten zu benutzen. Damit bekommt das Projekt klare Ziele, wird in Schritte unterteilt, hat ein Budget und einen Zeitplan und die Ergebnisse werden ausgewertet, aufgenommen und systematisiert.

Optimales Lernen

Benchmarking-Aktivitäten zielen auf Lernen ab: Kein Ertrag ohne Entwicklung, keine Entwicklung ohne Lernen. Benchmarking ist eine sehr praxisorientierte Lernmethode; es gibt nur wenig Theorie.

> Benchmarking lernt man also am besten im Betrieb, im Seminarraum kann nur die Grundlage geschaffen werden.

Benchmarking kann durch Tun erlernt werden. Es ist ein Prozess, den man kontinuierlich beschreitet, etwas auswertet und Schritt für Schritt fortführt. Ein zentraler Punkt ist es, immer wieder und wieder zurückzuschauen: Was hat funktioniert, was nicht?

Das dahinterstehende Lernkonzept geht davon aus, dass der Mensch nicht wie ein Mechanismus funktioniert, sondern durch Erfahrung, durch Fragen und Wissen seine Auffassungsgabe und sein analytisches Denken weiterentwickelt.
Es bietet eine Plattform, Fähigkeiten im Präsentieren zu entwickeln. Das Wissen, wie man scheinbar völlig voneinander getrennte Dinge miteinander verbinden kann, und die Fähigkeit, die wesentlichen Sachen herauszukristallisieren, entwickeln sich durch Benchmarking.

Benchmarking-Aktivitäten finden in der Regel in Gruppen statt. Die Teilnahme an einer Gruppe fördert gemeinhin Teamfähigkeiten. Es ist hilfreich, die Team- und Gruppenaspekte ebenso zu analysieren. Die Gruppe ist ein gutes Testgelände für soziale Fähigkeiten.
Weil das Denken in der Partnerfirma anders gelagert ist als in der eigenen, kann sich die eigene Art zu denken bei den

Besuchern ändern, d.h., man erreicht und arbeitet mit neuen Einsichten. Diese Einsichten können für die teilnehmenden Individuen von ebenso großer Bedeutung sein wie das Finden eines besseren Prozessablaufs.

6.3 Fallbeispiel Bergbauindustrie

In diesem internationalen Benchmarking-Projekt wurden sechs Bergbauunternehmen in Australien, Irland, Schweden, Norwegen und Finnland untersucht.
Die Minen haben alle denselben Eigentümer, was eine vollkommene Offenheit mit allen Zahlen und Prozessen ermöglichte.

Hauptziele des Projektes

Die Ziele des Projektes waren:

◆ Erkennen der besten Praktiken bei jeder Tätigkeit und Wissenstransfer zu anderen Tätigkeiten
◆ Erkennen, Planen und Durchführung von Verbesserungsprojekten in jeder Mine
◆ Benchmarking für einen kontinuierlichen Verbesserungsprozess
◆ Das Benchmarking-Wissen an Schlüsselpersonen anderer Bereiche weiterleiten

Form des Benchmarking

Da die Minen denselben Besitzer hatten, fand das gegenseitige, interne Benchmarking statt. Das Projekt war in zwei Unterprojekte gegliedert: 3 plus 3 Minen.
In beiden Unterprojekten wurden die Minen von allen Teilnehmern besucht.

Organisation

Jede Mine ernannte Gruppen von Schlüsselpersonen. Die Teilnehmer repräsentierten alle Schlüsselaktivitäten jedes Tätigkeitsbereiches.

Jede Gruppe wurde in Untergruppen, die auf den Schlüsselaktivitäten basierten, eingeteilt.

Die Teilnahme an einem Benchmarking-Prozess war für die Teilnehmer neu. Um einen guten Ablauf zu gewährleisten, organisierte man am Anfang ein zweitägiges Training für die Teilnehmer. Alle notwendigen Basics des Benchmarkings wurden eingeführt und trainiert. Ein minenspezifisches Training wurde zusätzlich in jedem Tätigkeitsbereich organisiert.

Ein Projektmanager und ein Projektberater wurden ernannt. Man nahm noch zwei Berater von außerhalb dazu, die den Prozess begleiten sollten.

Phasen des Projekts
Es gab sechs Hauptschritte während der neunmonatigen Projektlaufzeit:
1. Untersuchung der eigenen Praxis
2. Grundlagentraining
3. Ortstermine
4. Vergleich und Folgerung
5. Ortspezifische Verbesserungspläne und deren Durchführung
6. Auswertung

In Phase 1 wurde ein detaillierter Fragebogen an alle Teilnehmer geschickt. Dies hatte den Zweck, eine Grundlage für zuverlässige Vergleiche, was Kosten und Produktivität betrifft, zu schaffen. Die quantitativen Bereiche des Fragebogens waren:
◆ Maße
◆ Indikatoren

Die qualitativen Bereiche waren:
◆ Kunden
◆ Personal

- ◆ Arbeitsorganisation
- ◆ Technologie

In Phase 2 wurden Meetings und ein Trainings-Workshop zusammen mit den Benchmarking-Teams und dem Management abgehalten. Der Prozess wurde von den Beratern unterstützt.

Im Workshop wurden folgende Themen bearbeitet:
- ◆ Präsentation der Minen
- ◆ Benchmarking-Prozess
- ◆ Erfolgsfaktoren des Projekts
- ◆ Analyse der Fragebögen
- ◆ Gut funktionierende Bereiche
- ◆ Verbesserungsbedürftige Bereiche
- ◆ Details des Projektplans

In Phase 3 wurden Besuche von allen Teams in den Minen durchgeführt.

In Phase 4 wurden die gut funktionierenden sowie die verbesserungsbedürftigen Bereiche ausgemacht und Verbesserungsprojekte definiert.

In Phase 5 wurden die ausgewählten Projekte geplant und erste Schritte durchgeführt.

Datensammlung
Die Datensammlung wurde intensiv betrieben und es bedeutete einen großen Aufwand, sich klar zu machen, was hinter jeder einzelnen Zahl steckt – nicht zuletzt deshalb, weil die nationalen Praktiken in vielen Fällen sehr unterschiedlich waren.

Der Besuch machte Differenzen in den Kostenstrukturen sichtbar, einige Kosten wurden in verschiedenen Tätigkeitsbereichen unter unterschiedlichen Titeln geführt.

Schlüsselbereiche

Die Bergbauindustrie ist ein sehr auf Kosten konzentriertes Gewerbe. Die Profitabilität hängt stark von den Produktionskosten und dem Schlankheitsgrad des Prozesses ab. Ein weiterer starker Faktor ist der Metallpreis, auf den man aber keinen Einfluss hat.

Damit zeigten sich die Kostenhöhe und der flüssige Ablauf der Prozesse als die Schlüsselbereiche.

Die untersuchten Kernprozesse waren:
- Abbau
- Verarbeitung

Die unterstützenden Prozesse waren:
- Instandhaltung (mobil & fest)
- Verwaltung

Experten aus allen Bereichen formten Untergruppen, die dann während der Besuche und per E-Mail zusammenarbeiteten.

Schlussfolgerungen und Lernbereiche

Das gesamte Benchmarking-Projekt brachte viele gute Resultate bezüglich des Inhalts und des Prozesses:
- Die Hauptziele wurden erreicht
- Die besten Praktiken wurden ausgemacht
- Die Verbesserungsprojekte wurden erkannt, begonnen und sind schon weitgehend in der Durchführungsphase
- Der Zeitplan war nur wenig für Verbesserungsprojektdurchführungen geeignet, teilweise in Ordnung
- Die gewählte Benchmarking-Form eignete sich gut für die Studie
- Das Projekt schuf ein wertvolles Kollegennetzwerk, das danach weiterlief
- Das Projekt machte nicht nur unterschiedliche Praktiken und Systeme, sondern auch kulturelle Unterschiede sichtbar

- Die Teilnehmer brauchen genügend Zeit, um zusammenzuarbeiten
- Die Standardisierung der Information ist ein Verbesserungsprojekt für jedes Unternehmen
- Das Projekt war eine gute Lernübung für jeden
- Das Projekt intensivierte die Kooperation zwischen den teilnehmenden Firmen
- Detaillierte Fragen der anderen besuchenden Teilnehmer schafften eine konstruktive Atmosphäre, um die eigene Praxis zu untersuchen
- Kontinuierliche Verbesserung muss weitergehen

Auf den Punkt gebracht:

Der Erfolg eines Benchmarking-Projekts hat verschiedene Voraussetzungen:

- Eine echte Frage beim benchmarkenden Unternehmen – Neugier

- Hohes Interesse und Engagement bei den Durchführenden – Liebe zur Sache

- Kenntnis des Verfahrens – Professionalität

- Bereitschaft, Konsequenzen zu ziehen – Mut zur Veränderung

- Schaffung der nötigen Zeitlichen und räumlichen Bedingungen – Investitionsbereitschaft

- Mittelfristige Perspektive – Durchhaltefähigkeit

7 Wie setzen wir Benchmarking auf Dauer?

Das Unternehmen lebendig halten

7.1 Integration in die Beobachtung des Wertschöpfungsprozesses

Wir haben den Wertschöpfungsprozess als strategische Orientierungsmarke für die Einführung von Benchmarking in Unternehmen bezeichnet. Damit liegt es auch nahe, diese Orientierung beizubehalten, wenn es darum geht, Benchmarking auf Dauer zu setzen.

Die Wertschöpfungsstufen in einem Betrieb müssen nicht in jedem Fall in Form von Abteilungen oder sichtbaren Organisationseinheiten gegliedert sein. Dennoch ist es wichtig, dass die Mitarbeiter für ihre Bereiche ein Bewusstsein entwickeln und Beobachtungs- und Kontrollgrößen zur Verfügung haben, die ihnen die Wirkungen ihrer Arbeit einzuordnen helfen.

Damit können auch interne Zielvorgaben auf ihren Realitätsgehalt hin überprüft werden. Wenn man weiß, wie die Leistung des Klassenbesten aussieht, kann man unter Berücksichtigung der immer unterschiedlichen Bedingungen seine eigene „Benchmark" bestimmen.

7.2 Wie holen wir die Zukunft herein?

Wenn man, wie hier vertreten, Benchmarking als Haltung betrachtet, die davon ausgeht, dass es für jeden Unternehmer und jeden Angestellten immer etwas zu lernen gibt, so hat Benchmarking immer etwas mit Veränderungsprozessen, mit Change-Management, zu tun: Allein der Entschluss, Benchmarking durchzuführen, beinhaltet die Absicht, nicht stehen zu bleiben.

Es wäre aber verschleuderte Energie, würde man diesen Entschluss nicht mit der Absicht verbinden, die Konsequenzen, die sich aus den Ergebnissen ziehen lassen, wieder in Maßnahmen umzusetzen.

Das ist keine Selbstverständlichkeit, denn es setzt Veränderungsbereitschaft voraus. Um eine Einschätzung der Veränderungsmöglichkeit und der Veränderungsbereitschaft zu bekommen, ist eine Bestandsaufnahme nötig. Die folgenden Fragen helfen Ihnen hierbei.

Fragen zur Feststellung der Veränderungsbereitschaft

♦ Wie werden die grundlegenden Bedingungen behandelt?
♦ Welche Rolle spielt die Unternehmenskultur?

♦ Welche Vorstellung von Veränderung existiert?
♦ Welche Phasen werden gesehen?

♦ Wie beginnen Sie ein Veränderungsprojekt?
♦ Welche Start-up-Phasen legen Sie an?

♦ Wie werden zu Beginn die möglichen Ergebnisse des Veränderungsprozesses beschrieben?
♦ Wie und zu welchem Zeitpunkt wurde die Vision „enthüllt"?

♦ Wie sieht es mit der Balance zwischen „top-down" und „bottom-up" aus?
♦ Wie werden die Top-down-Aktivitäten durchgeführt?

- ◆ Wie kommt die Veränderung in alle Ebenen?
- ◆ Wie verhält sich die Unternehmensleitung?

- ◆ Wie wird mit Meinungsführern gearbeitet?
- ◆ Wie identifiziert man Menschen, die Einfluss auf Ihr Umfeld haben?

- ◆ Wie geht man mit Widerstand um?
- ◆ Was bedeutet für die Verantwortlichen Widerstand?

- ◆ Wie wird positiver Druck für den Veränderungsprozess erzeugt?
- ◆ Fühlen die Führungskräfte solchen Druck?

- ◆ Wie wird Raum für Gewöhnung gegeben?
- ◆ Wie werden den Mitarbeitenden Ergebnisse von Analysen vermittelt?

- ◆ Wie werden neue Praktiken geübt?
- ◆ Wie viel davon findet in Seminarform, wie viel im Arbeitsprozess statt?

- ◆ Welches Menschenbild herrscht vor?
- ◆ Gibt es ein ganzheitliches Menschenbild?

(Die vollständige Version des Fragebogens erhalten Sie auf Nachfrage über: info@ibuibu.com)

Sicher ist es nicht in jedem Fall nötig, den gesamten Fragenkreis umfassend abzuschreiten, um festzustellen, wie es um die Veränderungsbereitschaft steht. Aber auch im Falle einer nur begrenzten Anwendung gelangen mögliche neue Blickrichtungen ins Bewusstsein.

Bei der Frage, ob wir mit uns zufrieden sind, ist die Feststellung der Veränderungsbereitschaft grundlegend für die Chance zur Veränderung.

Enger ausgelegt ergeben sich aus dieser Frage weiter die Bereiche, in denen Benchmarking eingesetzt werden könnte: Sind es Fragen, die wir an unsere Produkte und Dienstleistungen haben, geht es um die Kundenorientierung oder die Qualität der Lieferanten oder um unsere Öffentlichkeitsarbeit?

Vor allem in kleinen und mittleren Firmen wissen die aktiven Mitarbeiter und Führungskräfte meist recht gut, welche Bereiche Entwicklungsbedarf haben.
Wenn Bereitschaft und Offenheit besteht, darauf zu hören und zu schauen, bedarf es in der Regel keiner aufwendigen Befragung; hier ist es die Aufgabe der Führungskräfte, die zu bearbeitenden Felder mit der Gesamtstrategie in Beziehung zu setzen und sie zu priorisieren, um den Benchmarking-Prozess zu beginnen.

Schon die Einführung von Benchmarking ist ein Veränderungsprozess.

Aus den Erfahrungen mit Veränderungsprozessen wissen wir, dass es naiv wäre, zu glauben, man könne Veränderungen in existierende Systeme einführen, ohne bestimmte Voraussetzungen und Folgen. Selbst wenn man ein Hemd kauft, hat das zur Folge, dass die eine oder andere Krawatte nicht mehr passt.

Zwei Dinge sind also nötig:
- ◆ Bescheid zu wissen über den Charakter von Veränderungsprozessen
- ◆ Aus diesem Wissen Konsequenzen zu ziehen und entsprechende Managementmaßnahmen zu ergreifen, die den Veränderungsprozess sichern

Im Folgenden wird die Charakteristik von Veränderungsprozessen in einer speziellen Weise geschildert. Aus ihr ergeben sich die Managementmaßnahmen.

7.3   Dramaturgie der Veränderung

Jeder Veränderungsprozess hat bzw. entwickelt seine eigenen Strukturen und einen spezifischen Prozess.
Betrachtet man unterschiedliche Veränderungsprozesse, so kann man entdecken, dass solchen Prozessen eine Dynamik eigen ist, die – aufs Ganze gesehen – einem klassischen Muster folgt.
Im klassischen Drama ist der Veränderungsprozesses prototypisch abgebildet, gleichgültig ob er sich als innerer seelischer Veränderungsprozess bei einem Menschen oder als schicksalhafte äußere Situation darstellt. Man findet diese Struktur in unterschiedlicher künstlerischer Abwandlung bereits im altgriechischen Theater oder bei Shakespeare.

Erfahrungsgemäß ist zur Bewältigung von Veränderungsprozessen eher phantasievoll-gestalterisches als reglementierend-bürokratisches Handeln erforderlich. Insofern liegt es nahe, die Gestaltungsschritte für sich zu nutzen, die sich in der dramatischen Literatur zur Entdeckung der Gesetzmäßigkeiten von Veränderungsprozessen finden.
Man kann zwar die Einzelheiten der Dramaturgie nicht planen, wenn man aber das Grundmuster kennt, wird man nicht dauernd überrascht und kann souveräner handeln und das Ziel besser im Blick behalten.

Zusammenfassend lässt sich die Veränderungsdramaturgie in einer Übersicht darstellen:

Das Innovationsentwicklungs-Drama

◆ *Exposition*
Der Schauplatz, die Akteure, Mord- und andere Instrumente werden vorgestellt, Knoten und Krisenpunkte werden angedeutet.

◆ *Schürzung des Knotens*
An erwarteten und unerwarteten Stellen treten bereits erste Highlights, aber auch die Krisen zutage.

◆ *Retardierendes Moment*
Einige der vorhandenen Sprengsätze können zunächst entschärft werden, aber die Beteiligten sorgen für neue.

◆ *Katastrophe*
Mord und Totschlag, Trauer und Wut, Zusammenbruch der gewohnten Ordnung, Verwirrung der Gefühle – und Konzepte.

◆ *Katharsis*
„Sie kriegen sich doch noch", es gibt neue Perspektiven, neue Vorsätze, alle haben dazugelernt, es gibt Grund zum Feiern und zu neuer Handlungsmotivation

7.4 Benchmarking als Change-Management

Folgenden Fragen gelten für jede Art des Umgangs mit einem Veränderungsmanagement:

◆ Bedarfsbewusstsein schaffen: Wo stehen wir?

◆ Vision entwickeln und Führung darauf ausrichten: Wohin wollen wir und wer will mit?

◆ Informieren, kommunizieren, begeistern, Widerstände nach dem Jiu-Jitsu-Prinzip aufnehmen: Wie kommen wir zusammen auf den Weg und bewältigen die Widerstände?

◆ Überschaubare Schritte und kurzfristige Erfolge ermöglichen: Welche Schritte können sofort gegangen werden und was ist für uns ein Erfolg?

- Den Prozess steuern, das Aktionsfeld bleibt offen: Wie können wir dem Ziel entgegengehen, ohne uns auf einen einzigen Weg festlegen zu müssen?

- Erfolge festhalten und sichern: Wie und wann dürfen wir uns belohnen?

- Stabilisieren und pflegen: Wie lassen wir uns auf den Alltag ein und bleiben trotzdem neugierig und veränderungsbereit?

7.5 Benchmarking und seine Lebensbedingungen

Benchmarking ist zwar Technik, System, Instrument – wie jedes Instrument lebt es aber nur im Zusammenhang mit seinen Nutzern und nur damit bleibt es lebendig. Es ist daher hilfreich, ein einmal installiertes Benchmarking-System als eine Art lebendigen Organismus zu betrachten.
Um einen solchen am Leben zu erhalten, ist es nötig, auf die angemessenen Lebensbedingungen zu achten: Licht, Luft, Ernährung, Verdauen, Erholung, Kommunikation sind lebenserhaltende Funktionen.

> Übersetzt heißt das, es muss vom Ganzen her „beleuchtet" werden, damit es wirklich gesehen werden kann, es muss atmen können, d.h., es kann nicht in zeitlich, räumlich und verfahrensmäßig bedrängenden Verhältnissen gedeihen, es muss die Möglichkeit haben, durch Zufuhr neuer Erkenntnisse und Ideen „sein Gewicht" zu halten und nicht zu vertrocknen.

Prozesse und Verfahren verbrauchen sich und müssen daher auch losgelassen bzw. ausgewechselt werden.
Kein Organismus kann unter Daueranspannung eine gute Entwicklung machen. Deshalb ist es nötig, auf Rhythmen von Anspannung und Entspannung, von Einatmen und Ausatmen zu achten.

Ganz generell betrachtet, muss jeder Organismus die Möglichkeit haben, sich auf möglichst vielen Ebenen und auf möglichst vielen Kanälen mit anderen auszutauschen.

In jedem System gilt es herauszufinden, wo die nötige Sonne scheint, wie genügend Luft entsteht, welches die nötige Nahrung ist, was Erholung heißt und wie lang die verschiedenen Phasen jeweils sein müssen.
Auch für die Formen der Kommunikation gilt, dass sie aktiv gesucht werden müssen und nicht immer dieselben sein dürfen.

> Auch hier ist das richtige Maß eine wichtige Voraussetzung für ein gutes und erfolgreiches Leben.

Literaturempfehlungen

Beckers, M.: Benchmarking. www.hausarbeiten.de 2001

Bornholdt, W.: Business Check – Unternehmen und Innovationen beurteilen, profilieren, überwachen. Wiesbaden 2004

Camp, R.: Benchmarking: the search for industry best practices that lead to superior performance. Milwaukee 1989

Camp, R.: Best Practice Benchmarking – The Path to Excellence. In: GBN Review 2003/2004, S.12–17

Codling, S.: Best Practices Benchmarking: The management guide to successful implementation. Bedford 1992

Cook, S.: Practical Benchmarking – A manager's guide to creating a competitive advantage. London 1995

Harrington, H.J / J. S. Harrington: High Performance Benchmarking: 20 Steps to Success. New York 1995

Heinisch, M.: Benchmarking und Betriebsvergleich als Instrumente der Unternehmensführung. Mannheim 1999

Kairies, P.: So analysieren Sie Ihre Konkurrenz – Konkurrenzanalyse und Benchmarking in der Praxis. 1992

Leibfried, K. / C.J. McNair: Benchmarking: a tool for continuous improvement. New York 1992

Macdonald, John / Tanner, Steve: Understanding Benchmarking in a week. 1998

Mertins, K. (Hrsg.): Benchmarking. Leitfaden für den Vergleich mit den Besten. Düsseldorf 2004

Natour, Nadya / Geier, Antje: Wissens-Wert – Personal- und gesellschaftsorientierte Benchmarks. In Bsirske F. / Endl, H.-L. / Schröder, L.: Wissen ist was wert. Hamburg 2003

Ossola-Haring, C. (Hrsg.): Handbuch Kennzahlen zur Unternehmensführung. Heidelberg 2006

Senge, P. M.: Die fünfte Disziplin – Kunst und Praxis der lernenden Organisation. Stuttgart 1996

Winter, W.C.: Benchmarking als Instrument der strategischen Planung – Formen und Prozesse. Saarbrücken 2007

Weitere Quellen

Errard J. in: GBN Review 2003/2004, S. 31
Geier Antje: Wissenswert – Benchmarking-Modell in der Kurzfassung in: www.wissenswert.org/publish
Great Place to Work® Institute, Inc. In: www.greatplace-towork.de
Nackt und Fit. Interview mit Don Tapscott. In: brand eins 2/2007, S. 70–75
Tapscott, D. / Williams, A.: Wikinomics – How mass Collaboration Changes everything. Portfolio 2006
Weber, J. / Wertz, B: Benchmarking Excellence. Frankfurter Allgemeine Zeitung 15.03.1999, S. 28
Wimmer, R.: Wie lernfähig sind Organisationen? Zur Problematik einer vorausschauenden Selbsterneuerung sozialer Systeme. Manuskript 1999

Linkempfehlungen

www.benchmarking.fhg.de/
www.globalbenchmarking.org
www.sla.org/content/Shop/Information/infoonline/2002/jul02/henczel.cfm
www.sustainable-benchmarking.de
www.werkstatt.biz (Werkstatt für Unternehmensentwicklung GmbH)

Stichwortverzeichnis